清华大学优秀博士学位论文丛书

单相多铁六方锰氧化物的电子显微学研究

程少博 著 Cheng Shaobo

Research on Single Phase Multiferroic Hexagonal Manganites by Electron Microscopy

清华大学出版社
北 京

内容简介

本书综合利用现代透射电子显微学中的多种手段，在实空间、动量空间、能量空间系统地对以 $YMnO_3$ 为代表的单相多铁六方锰氧化物进行研究，揭示了这类材料的结构和性质之间的关联，解释了拓扑涡旋畴结构的演化机理，并且在薄膜材料体系中成功诱导出了净磁矩；实现了单相多铁材料中的铁电-铁磁耦合，而非传统单相多铁材料中的铁电-反铁磁耦合，对多铁材料的器件化应用具有借鉴意义。

图书在版编目(CIP)数据

单相多铁六方锰氧化物的电子显微学研究/程少博著. —北京：清华大学出版社，2019
(清华大学优秀博士学位论文丛书)
ISBN 978-7-302-51320-9

Ⅰ. ①单…　Ⅱ. ①程…　Ⅲ. ①氧化铁－氧化锰－电子材料－电子显微术－研究
Ⅳ. ①O614.81 ②O614.7

中国版本图书馆 CIP 数据核字(2018)第 227124 号

责任编辑：黎　强
封面设计：傅瑞学
责任校对：赵丽敏
责任印制：丛怀宇

出版发行：清华大学出版社
网　　址：http://www.tup.com.cn，　http://www.wqbook.com
地　　址：北京清华大学学研大厦 A 座　　**邮　编**：100084
社 总 机：010-62770175　　**邮　购**：010-62786544
投稿与读者服务：010-62776969，c-service@tup.tsinghua.edu.cn
质量反馈：010-62772015，zhiliang@tup.tsinghua.edu.cn
印 装 者：三河市铭诚印务有限公司
经　　销：全国新华书店
开　　本：155mm×235mm　　**印　张**：9.25　　**字　数**：153 千字
版　　次：2019 年 3 月第 1 版　　**印　次**：2019 年 3 月第 1 次印刷
定　　价：69.00 元

产品编号：080938-01

一流博士生教育
体现一流大学人才培养的高度(代丛书序)[①]

人才培养是大学的根本任务。只有培养出一流人才的高校,才能够成为世界一流大学。本科教育是培养一流人才最重要的基础,是一流大学的底色,体现了学校的传统和特色。博士生教育是学历教育的最高层次,体现出一所大学人才培养的高度,代表着一个国家的人才培养水平。清华大学正在全面推进综合改革,深化教育教学改革,探索建立完善的博士生选拔培养机制,不断提升博士生培养质量。

学术精神的培养是博士生教育的根本

学术精神是大学精神的重要组成部分,是学者与学术群体在学术活动中坚守的价值准则。大学对学术精神的追求,反映了一所大学对学术的重视、对真理的热爱和对功利性目标的摒弃。博士生教育要培养有志于追求学术的人,其根本在于学术精神的培养。

无论古今中外,博士这一称号都是和学问、学术紧密联系在一起,和知识探索密切相关。我国的博士一词起源于2000多年前的战国时期,是一种学官名。博士任职者负责保管文献档案、编撰著述,须知识渊博并负有传授学问的职责。东汉学者应劭在《汉官仪》中写道:“博者,通博古今;士者,辩于然否。”后来,人们逐渐把精通某种职业的专门人才称为博士。博士作为一种学位,最早产生于12世纪,最初它是加入教师行会的一种资格证书。19世纪初,德国柏林大学成立,其哲学院取代了以往神学院在大学中的地位,在大学发展的历史上首次产生了由哲学院授予的哲学博士学位,并赋予了哲学博士深层次的教育内涵,即推崇学术自由、创造新知识。哲学博士的设立标志着现代博士生教育的开端,博士则被定义为独立从事学术研究、具备创造新知识能力的人,是学术精神的传承者和光大者。

① 本文首发于《光明日报》,2017年12月5日。

博士生学习期间是培养学术精神最重要的阶段。博士生需要接受严谨的学术训练，开展深入的学术研究，并通过发表学术论文、参与学术活动及博士论文答辩等环节，证明自身的学术能力。更重要的是，博士生要培养学术志趣，把对学术的热爱融入生命之中，把捍卫真理作为毕生的追求。博士生更要学会如何面对干扰和诱惑，远离功利，保持安静、从容的心态。学术精神特别是其中所蕴含的科学理性精神、学术奉献精神不仅对博士生未来的学术事业至关重要，对博士生一生的发展都大有裨益。

独创性和批判性思维是博士生最重要的素质

博士生需要具备很多素质，包括逻辑推理、言语表达、沟通协作等，但是最重要的素质是独创性和批判性思维。

学术重视传承，但更看重突破和创新。博士生作为学术事业的后备力量，要立志于追求独创性。独创意味着独立和创造，没有独立精神，往往很难产生创造性的成果。1929 年 6 月 3 日，在清华大学国学院导师王国维逝世二周年之际，国学院师生为纪念这位杰出的学者，募款修造“海宁王静安先生纪念碑”，同为国学院导师的陈寅恪先生撰写了碑铭，其中写道：“先生之著述，或有时而不章；先生之学说，或有时而可商；惟此独立之精神，自由之思想，历千万祀，与天壤而同久，共三光而永光。”这是对于一位学者的极高评价。中国著名的史学家、文学家司马迁所讲的“究天人之际、通古今之变，成一家之言”也是强调要在古今贯通中形成自己独立的见解，并努力达到新的高度。博士生应该以“独立之精神、自由之思想”来要求自己，不断创造新的学术成果。

诺贝尔物理学奖获得者杨振宁先生曾在 20 世纪 80 年代初对到访纽约州立大学石溪分校的 90 多名中国学生、学者提出：“独创性是科学工作者最重要的素质。”杨先生主张做研究的人一定要有独创的精神、独到的见解和独立研究的能力。在科技如此发达的今天，学术上的独创性变得越来越难，也愈加珍贵和重要。博士生要树立敢为天下先的志向，在独创性上下功夫，勇于挑战最前沿的科学问题。

批判性思维是一种遵循逻辑规则、不断质疑和反省的思维方式，具有批判性思维的人勇于挑战自己、敢于挑战权威。批判性思维的缺乏往往被认为是中国学生特有的弱项，也是我们在博士生培养方面存在的一个普遍问题。2001 年，美国卡内基基金会开展了一项“卡内基博士生教育创新计划”，针对博士生教育进行调研，并发布了研究报告。该报告指出：在美国和欧洲,培养学生保持批判而质疑的眼光看待自己、同行和导师的观点同样非常不容易,批判性思维的培养必须要成为博士生培养项目的组成部分。

对于博士生而言,批判性思维的养成要从如何面对权威开始。为了鼓励学生质疑学术权威、挑战现有学术范式,培养学生的挑战精神和创新能力,清华大学在 2013 年发起“巅峰对话”,由学生自主邀请各学科领域具有国际影响力的学术大师与清华学生同台对话。该活动迄今已经举办了 21 期,先后邀请 17 位诺贝尔奖、3 位图灵奖、1 位菲尔兹奖获得者参与对话。诺贝尔化学奖得主巴里·夏普莱斯(Barry Sharpless)在 2013 年 11 月来清华参加“巅峰对话”时,对于清华学生的质疑精神印象深刻。他在接受媒体采访时谈道:“清华的学生无所畏惧,请原谅我的措辞,但他们真的很有胆量。”这是我听到的对清华学生的最高评价,博士生就应该具备这样的勇气和能力。培养批判性思维更难的一层是要有勇气不断否定自己,有一种不断超越自己的精神。爱因斯坦说:“在真理的认识方面,任何以权威自居的人,必将在上帝的嬉笑中垮台。”这句名言应该成为每一位从事学术研究的博士生的箴言。

提高博士生培养质量有赖于构建全方位的博士生教育体系

一流的博士生教育要有一流的教育理念,需要构建全方位的教育体系,把教育理念落实到博士生培养的各个环节中。

在博士生选拔方面,不能简单按考分录取,而是要侧重评价学术志趣和创新潜力。知识结构固然重要,但学术志趣和创新潜力更关键,考分不能完全反映学生的学术潜质。清华大学在经过多年试点探索的基础上,于 2016 年开始全面实行博士生招生“申请-审核”制,从原来的按照考试分数招收博士生转变为按科研创新能力、专业学术潜质招收,并给予院系、学科、导师更大的自主权。《清华大学“申请-审核”制实施办法》明晰了导师和院系在考核、遴选和推荐上的权利和职责,同时确定了规范的流程及监管要求。

在博士生指导教师资格确认方面,不能论资排辈,要更看重教师的学术活力及研究工作的前沿性。博士生教育质量的提升关键在于教师,要让更多、更优秀的教师参与到博士生教育中来。清华大学从 2009 年开始探索将博士生导师评定权下放到各学位评定分委员会,允许评聘一部分优秀副教授担任博士生导师。近年来学校在推进教师人事制度改革过程中,明确教研系列助理教授可以独立指导博士生,让富有创造活力的青年教师指导优秀的青年学生,师生相互促进、共同成长。

在促进博士生交流方面，要努力突破学科领域的界限，注重搭建跨学科的平台。跨学科交流是激发博士生学术创造力的重要途径，博士生要努力提升在交叉学科领域开展科研工作的能力。清华大学于2014年创办了“微沙龙”平台，同学们可以通过微信平台随时发布学术话题、寻觅学术伙伴。3年来，博士生参与和发起“微沙龙”12000多场，参与博士生达38000多人次。“微沙龙”促进了不同学科学生之间的思想碰撞，激发了同学们的学术志趣。清华于2002年创办了博士生论坛，论坛由同学自己组织，师生共同参与。博士生论坛持续举办了500期，开展了18000多场学术报告，切实起到了师生互动、教学相长、学科交融、促进交流的作用。学校积极资助博士生到世界一流大学开展交流与合作研究，超过60%的博士生有海外访学经历。清华于2011年设立了发展中国家博士生项目，鼓励学生到发展中国家亲身体验和调研，在全球化背景下研究发展中国家的各类问题。

在博士学位评定方面，权力要进一步下放，学术判断应该由各领域的学者来负责。院系二级学术单位应该在评定博士论文水平上拥有更多的权力，也应担负更多的责任。清华大学从2015年开始把学位论文的评审职责授权给各学位评定分委员会，学位论文质量和学位评审过程主要由各学位分委员会进行把关，校学位委员会负责学位管理整体工作，负责制度建设和争议事项处理。

全面提高人才培养能力是建设世界一流大学的核心。博士生培养质量的提升是大学办学质量提升的重要标志。我们要高度重视、充分发挥博士生教育的战略性、引领性作用，面向世界、勇于进取，树立自信、保持特色，不断推动一流大学的人才培养迈向新的高度。

邱勇

清华大学校长

2017年12月5日

丛书序二

以学术型人才培养为主的博士生教育，肩负着培养具有国际竞争力的高层次学术创新人才的重任，是国家发展战略的重要组成部分，是清华大学人才培养的重中之重。

作为首批设立研究生院的高校，清华大学自20世纪80年代初开始，立足国家和社会需要，结合校内实际情况，不断推动博士生教育改革。为了提供适宜博士生成长的学术环境，我校一方面不断地营造浓厚的学术氛围，一方面大力推动培养模式创新探索。我校已多年运行一系列博士生培养专项基金和特色项目，激励博士生潜心学术、锐意创新，提升博士生的国际视野，倡导跨学科研究与交流，不断提升博士生培养质量。

博士生是最具创造力的学术研究新生力量，思维活跃，求真求实。他们在导师的指导下进入本领域研究前沿，吸取本领域最新的研究成果，拓宽人类的认知边界，不断取得创新性成果。这套优秀博士学位论文丛书，不仅是我校博士生研究工作前沿成果的体现，也是我校博士生学术精神传承和光大的体现。

这套丛书的每一篇论文均来自学校新近每年评选的校级优秀博士学位论文。为了鼓励创新，激励优秀的博士生脱颖而出，同时激励导师悉心指导，我校评选校级优秀博士学位论文已有20多年。评选出的优秀博士学位论文代表了我校各学科最优秀的博士学位论文的水平。为了传播优秀的博士学位论文成果，更好地推动学术交流与学科建设，促进博士生未来发展和成长，清华大学研究生院与清华大学出版社合作出版这些优秀的博士学位论文。

感谢清华大学出版社，悉心地为每位作者提供专业、细致的写作和出版指导，使这些博士论文以专著方式呈现在读者面前，促进了这些最新的优秀研究成果的快速广泛传播。相信本套丛书的出版可以为国内外各相关领域或交叉领域的在读研究生和科研人员提供有益的参考，为相关学科领域的发展和优秀科研成果的转化起到积极的推动作用。

感谢丛书作者的导师们。这些优秀的博士学位论文，从选题、研究到成文，离不开导师的精心指导。我校优秀的师生导学传统，成就了一项项优秀的研究成果，成就了一大批青年学者，也成就了清华的学术研究。感谢导师们为每篇论文精心撰写序言，帮助读者更好地理解论文。

感谢丛书的作者们。他们优秀的学术成果，连同鲜活的思想、创新的精神、严谨的学风，都为致力于学术研究的后来者树立了榜样。他们本着精益求精的精神，对论文进行了细致的修改完善，使之在具备科学性、前沿性的同时，更具系统性和可读性。

这套丛书涵盖清华众多学科，从论文的选题能够感受到作者们积极参与国家重大战略、社会发展问题、新兴产业创新等的研究热情，能够感受到作者们的国际视野和人文情怀。相信这些年轻作者们勇于承担学术创新重任的社会责任感能够感染和带动越来越多的博士生们，将论文书写在祖国的大地上。

祝愿丛书的作者们、读者们和所有从事学术研究的同行们在未来的道路上坚持梦想，百折不挠！在服务国家、奉献社会和造福人类的事业中不断创新，做新时代的引领者。

相信每一位读者在阅读这一本本学术著作的时候，在吸取学术创新成果、享受学术之美的同时，能够将其中所蕴含的科学理性精神和学术奉献精神传播和发扬出去。

清华大学研究生院院长

2018年1月5日

导师序言

近半个世纪以来，半导体信息工业迅猛发展，电子元器件集成水平不断提高。但是随着其尺寸减小，量子效应逐渐显现，传统电压驱动晶体管器件具有易失性，静态功耗较高，严重影响了电子器件的使用性能，摩尔定理难以为继。此外，近期发展的非易失性、低静态功耗的新型磁电子器件具有动态功耗较高等缺点。吸取电压驱动晶体管器件和磁电子器件的优点，摒弃两者的缺点，多铁材料制备的器件具有非易失性，低静态-动态功耗的特性，所以在近十年来一直是凝聚态物理和材料科学领域的重要研究方向。这类材料不仅具有广泛的应用前景，比如四态存储器、传感器、换能器、振荡器等，而且此类材料的基础和应用研究对理解凝聚态物理中强关联体系的铁弹、铁电、铁磁等多铁性的耦合机制，特别是在原子尺度的理解，是非常有价值的。多铁材料具有十分丰富的物理现象：界面效应、尺寸效应、畴结构等，不同因素之间相互协调、相互牵制，共同影响多铁的电磁耦合效应。

电镜是一种强有力的分析工具，可以同时对材料进行多维度多尺度研究，尤其是球差校正电镜和相关技术的出现，大大提高了空间分辨能力。在本书中，作者利用电子显微学的多种手段，在实空间、动量空间和能量空间中对以 $YMnO_3$ 为代表的六方单相多铁锰氧化物进行了系统深入的研究，实现了对相关材料的协同测量，揭示了其结构和性质之间的关系。

本书的相关研究结果对多铁及其相关领域有重要的理论和应用价值。本书中得到的系列创新性成果如下：①利用电子衍射动力学理论，发展了一种在双束暗场像条件下简单判断铁电畴极化方向的方法；②发现了六方锰氧化物中和本身对称性不一致的非六瓣畴结构；分析结果表明这种现象主要源于拓扑畴核心处有不全刃位错的钉扎，两种拓扑缺陷之间的相互协调会导致其他非六瓣畴核心的出现，同时结合理论进行了分析，预测了其他的可能畴态；③在实验中观察分析得到六方锰氧化物容易形成特定对称位置的氧空位，通过理解其成因，将 $YMnO_3$ 薄膜生长在提供压应变的基底上，实现锰氧六面体中顶点位置的氧空位，从而调控出铁磁性，实现了单相多铁材料中的铁电-铁磁耦合；④在原子尺度上对相关材料的多铁性耦合机制进行了深入的探索，为发展从原子尺度可控的异质结制备工艺、实现多铁材料耦合机制的可控性以及走向器件化道路做了有益的基础工作。

朱 静
清华大学材料学院
2018年4月

摘　要

多铁材料在近几十年来一直是凝聚态物理和材料科学领域的热门研究选题，这类材料具有广泛的应用前景，包括换能器、存储器、传感器、硬盘读头等。探究这类材料内部的电磁耦合机制，对材料的器件化应用大有裨益。电子显微镜作为连接宏观世界与微观世界之间的桥梁和纽带，能够在实空间、动量空间、能量空间等多个维度对材料进行解析，可以在亚埃尺度上提供材料的结构信息，将会在多铁研究领域中扮演越来越重要的角色。

本书综合利用电子显微学中的多种手段，系统地对以 $YMnO_3$ 为代表的六方单相多铁锰氧化物进行了研究，揭示了这类材料结构和性质之间的关联，解释了拓扑畴结构的演化机理，对材料的器件化应用具有借鉴意义。首先，利用扫描电子显微镜中二次电子成像的原理，解释了不同畴区的亮度衬度来源，并且定量测量了不同铁电畴的二次电子产额区别。同样在介观畴尺度，利用透射电镜的电子衍射动力学的知识，发展了一种在双束暗场像条件下简单判断铁电畴极化方向的方法。然后再利用球差校正电子显微镜具有高空间分辨分析的能力，深入原子尺度对材料的晶体结构和电子结构进行表征。发现六方锰氧化物中会存在和本身对称性不一致的非六瓣畴结构，这主要由于在拓扑畴核心处有不全刃位错的钉扎，两种拓扑缺陷之间相互协调会导致其他非六瓣畴核心的出现。在此基础上，利用朗道理论对其能量进行解析，利用同伦群理论对不同瓣数的涡旋畴进行系统分类，揭示了铁电涡旋畴和不全刃位错这两种拓扑缺陷之间的耦合关系，预测了其他的可能畴态。最后，在实验中观察分析得到六方锰氧化物中容易形成特定对称位置的氧空位，并且会导致 Mn 离子在面内的位移；建立了氧空位位点和材料磁构型之间的联系。利用氧空位的原理，将 $YMnO_3$ 薄膜生长在提供压应变的基底上，能够实现锰氧六面体中顶点位置的氧空位，从而调控出薄膜材料中的铁磁性，实现单相多铁材料中的铁电-铁磁耦合，而不是传统单相多铁材料中的铁电-反铁磁耦合，为单相多铁材料的器件化应用做了铺垫。

关键词： 电子显微学；六方锰氧化物；多铁；拓扑缺陷；磁性

Abstract

Multiferroic materials have been raised as the research hotspots for decades since they have wide potential application capabilities in the field of transducers, memories, sensors and so on. Depth research on magneto-electric coupling mechanism will benefit the device application of this kind of materials. Transmission electron microscopy (TEM), which can be treated as a bridge connecting nano-world and real world, is playing more and more crucial role in the field of multiferric materials since it has the ability to characterize samples in real space, momentum space and also energy space.

Here, we have comprehensively studied the single phase multiferroic hexagonal manganites materials with the help of multiple TEM techniques, establishing the connections between properties and structures. Firstly, we have characterized single phase multiferroic materials at micro-scale with dark field images. We could uniquely justify the polarization directions of each domains with dynamic electron diffraction knowledge. Then, we use spherical aberration corrected TEM to characterize samples down to atomic scale. We realize that different sites of oxygen vacancies can be created under different external perturbations. Taking advantage of this properties, we grow $YMnO_3$ thin film on sapphire substrate which could provide large compressive strain and thus on-top oxygen vacancies can be created. In this case, $YMnO_3$ material can realize ferroelectric-ferromagnetic coupling instead of ferroelectric-antiferromagnetic coupling, which will benefit the applications of single phase multiferroic materials.

Because of the symmetric regulations, hexagonal manganites always have cloverleaf shaped domain configurations. However, using aforementioned dark field technique, we have observed the existence of non-six fold domain cores. Probe corrected scanning transmission electron microscopy (STEM) technique helps us to reveal the atomic arrangement at vortex core areas. We find that partial edge dislocations are always pinning at vortex cores and thus non-six fold domains have been created. We have revealed the connections between topologically protected domains and partial edge dislocations. Further Landau based thermaldynamic calculations have been carried out to support our views.

Key words: Electron Microscopy; Hexagonal Manganites; Multiferroics; Topological Defects; Magnetism

主要符号对照表

TEM	透射电子显微镜(transmission electron microscope)
HRTEM	高分辨透射电子显微镜(high resolution transmission electron microscope)
SAED	选区电子衍射(selected area electron diffraction)
SEM	扫描电子显微镜(scanning electron microscope)
STEM	扫描透射电子显微镜(scanning transmission electron microscope)
HAADF	高角环形暗场(high angle annular dark field)
ABF	环形明场(annular bright field)
FFT	快速傅里叶变换(fast Fourier transformation)
GPA	几何相位分析(geometric phase analysis)
EELS	电子能量损失谱(electron energy loss spectroscopy)
EDS	能谱(energy dispersive spectroscopy)
EMCD	电子的磁手性二向色性(energy-loss magnetic chiral dichroism)
FIB	聚焦离子束沉积(focused ion beam)
DFT	密度泛函理论(density functional theory)
XRD	X 射线衍射(X-ray diffraction)
SQUID	超导量子干涉磁强计(superconducting quantum interference device)
SHG	二次谐波发生(second harmonic generation)
ND	中子衍射(neutron diffraction)
PLD	脉冲激光沉积(pulsed laser deposition)
MBE	分子束外延生长(molecular beam expitaxy)
PFM	压电力显微镜(piezoelectric force microscopy)
XPS	X 射线光电子谱(X-ray photoelectron spectroscopy)

目　录

Contents

第1章　绪　　论

1.1　多铁性材料的定义

多铁材料涵盖面非常广，只要是(反)铁电序((anti)ferroelectricity)、(反)铁磁序((anti)ferromagnetism)、铁弹序(ferroelasticity)和铁涡序(ferrotoroidicity)中含有不止一种序结构的材料都称为多铁性材料。[1,2]

铁弹性是指材料具有稳定的自发形变，而且在外加应力的作用下，应变会有滞后效应的性质。铁电性是指存在固有电偶极矩，并且固有极矩总是倾向于与外电场平行排列的性质。铁电材料往往要求 d 轨道为空。铁磁性的本质特征和铁电性非常相似：具有自发磁化，并且自发磁化的方向会随着外磁场而改变。对于钙钛矿 ABO_3 结构，要求 B 位原子的 d 轨道有未成对的自旋单电子，这样可以产生磁有序结构。在多铁材料的讨论当中，铁磁性的范畴也可以拓宽到反铁磁性。铁涡性材料拥有稳定且自发的序参量，是由磁极化或者电极化卷曲形成的，这个序参量在外加场的作用下也是可调的。相关分类见表 1.1。

表 1.1　从对称性的角度分类铁弹、铁电、铁磁和多铁性

特征对称性	空间反演对称性	时间反演对称性
铁弹	有	有
铁电	无	有
铁磁	有	无
多铁	无	无

1.2　多铁材料的研究概述与主要应用

1.2.1　多铁材料的研究小史

多铁性的研究起源于铁磁性材料，人们最初在磁铁中发现响应与外加激励之间存在滞后现象，如图 1.1 所示。而铁电效应直到 1920 年才被

Valasek 在罗息盐中发现[3]，即罗息盐具有和铁磁性物质一样的回线，铁电极化强度随着外加电场的变化也存在滞后现象，即电滞回线。此后人们认为铁电效应仅存在于有限的材料中，而且效应普遍较弱，所以并未引起广泛关注。直到“二战”期间，具有反常介电性质的 $BaTiO_3$ 被 Wainer 和 Solomon 独立地在陶瓷样品中发现[4]，从此引发了人们对铁电材料的研究兴趣，越来越多的铁电材料被发现。

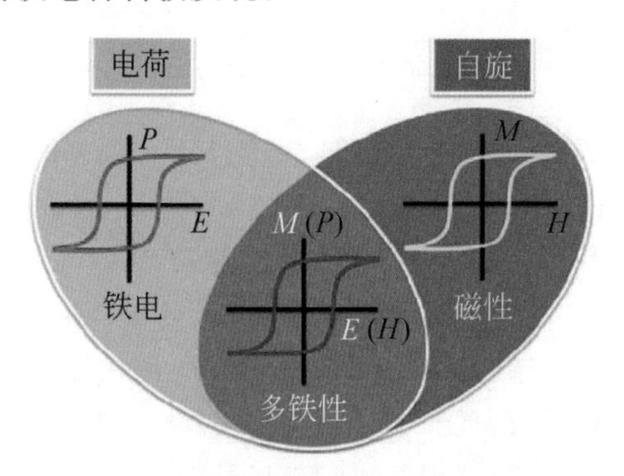

图 1.1　铁性序参量的宏观表现

在具有电磁耦合的体系中，磁响应对于电激励有滞后或者电响应对于磁激励有滞后

图 1.2 显示了不同年份发现的铁电材料的数量，并在发现年代上方列举出了具有代表性的铁电材料。现在，$BaTiO_3$、$PbTiO_3$ 等典型铁电材料已经得到充分的研究，成功走向了工业应用。铁磁体的研究历史较长，并且理论较为完善，目前铁电体材料中的许多理论都是仿照铁磁体中的理论得到的。

一直以来，铁电性和铁磁性的研究是独立进行的，很少有人关注两类材料的耦合效应。多铁材料最早在 1959 年被 Dzyaloshinskii 在 Cr_2O_3 材料中预言[5-8]，但是由于多铁性非常弱，在应用上看似没有前景，所以一直沉寂。直至 2003 年，才迎来了多铁的复兴之年，Ramesh 等人和 Kimura 等人分别在 *Science*[9] 和 *Nature*[10] 上发表了一篇多铁的文章，介绍了两种性质不同的单相多铁材料：$BiFeO_3$ 和 $TbMnO_3$，前者具有室温下的多铁性，后者具有强的电磁耦合特性。自此，人们对多铁材料的研究热情高涨。

1.2.2　多铁材料的器件化应用

多铁材料滞回曲线所包围的面积为外场损失的能量，即材料中存储的能量，曲线包围的面积越大，材料储备该种能量的能力越强。铁电材料也是介电材料，如果将其用在电容器中间充当储能元件，则需选择电滞回线中包

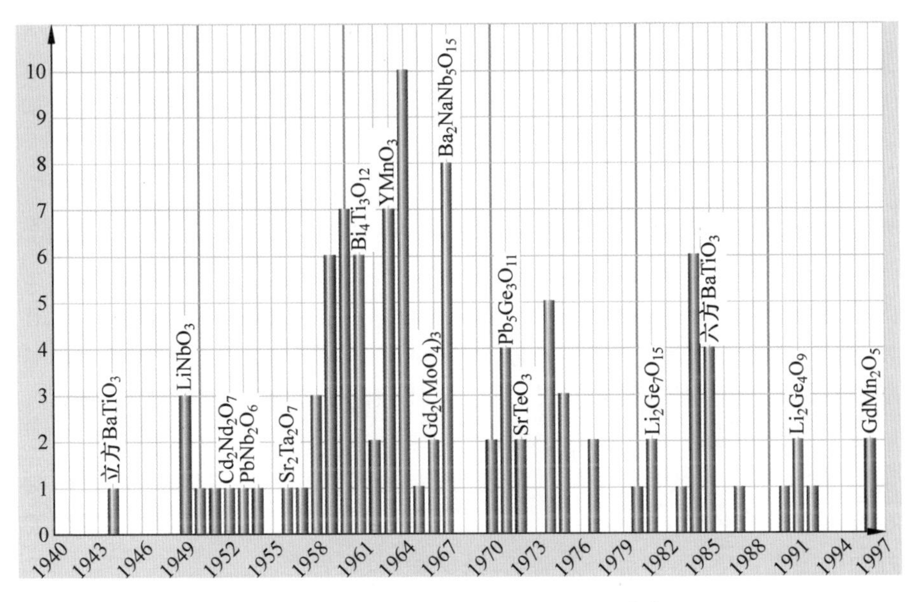

图 1.2 每年新发现的铁电材料数目[11]

裹面积大的材料。

从铁磁回线中,可以发现当外场变为零时,对应的磁化强度非零,正负两个磁化强度值可以分别对应计算机存储中的"0"和"1",实现信息存储。如果将铁磁材料和铁电材料搭配使用,还可以实现四态存储,因为铁电层不同的极化方向会影响磁性层的剩余磁化大小,两种铁电极化方向可以得到一共四种稳定剩余磁化值[12]。此外,多铁材料还可以被用作换能器[1]、能量收集器[13]、磁场探测器等[14]。

目前市场上使用的存储介质主要是硬盘。硬盘的盘片被划分出许多小的磁性存储单元,该存储单元在硬盘读头引入的外加磁场下不断翻转,两个不同的剩余磁化强度就对应着"0"和"1"。通过不断缩小磁性存储面积,实现高密度的存储。这种硬盘的缺点是利用外加磁场对磁性存储介质进行反转本身能耗大,还会产生热量,影响磁介质的使用寿命。由于外加磁场很难做得非常局域,所以容易与附近的磁存储介质产生作用,影响存储信号的准确性,而且也限制了磁存储容量的进一步提升。此外,硬盘的读头主要是利用巨磁阻(GMR)材料制备的,这类材料需要施加恒压外电场,读头感知硬盘上磁信号的变化后,会产生不同的磁电阻,从而改变电路中的电流,电流大小不同代表读取的是“0”或“1”的信号。这类读头是有源器件,需要施加外电场,所以能耗也高。

如果使用多铁材料制作硬盘盘片,将会大大提高存储密度并降低能耗。首先,多铁材料具有铁电和铁磁的双重属性,能够实现四态存储,在同一个单元上能够记录更多的信息,能够将存储的信息量翻倍。其次,利用电场写入信息,仅改变铁电存储材料的电极化方向,没有电流通过,没有能耗,没有发热,不需要在硬盘中集成散热原件,减小硬盘体积。而且外加电场可以局域在存储单元上,能够提高存储密度。读取信息的过程可以用磁来读取,可以保持存储介质的非易失性。硬盘读头也可以使用多铁材料,实现“电写磁读”。读头感受到硬盘上不同的磁信号,利用多铁材料的电磁耦合特性,则在读头电路中会产生不同的电信号。这样的读头将成为无源器件,不需要外加电路提供电源,能够降低能耗,减少发热,节省能源。

1.3 多铁材料的主要机制

磁有序材料有很多微观起源:直接交换作用(direct exchange,纯量子力学效应),双交换作用(double exchange,发生在能够变价的元素之间,一般通过氧来传递电子,是一般铁磁相互作用),超交换作用(super exchange,一般通过 O2p 中一对自旋相反的电子实现,通常是反铁磁相互作用)和 RKKY(限域的磁矩被自由程较长的电子所影响,一个限域的磁矩影响自由电子,通过自由电子再影响其他原子磁矩,从而实现长程相互作用,一般发生在 4f 和 6s 电子之间)。这些机制基本都存在固体中的未配对电子自旋。电有序相对复杂一些,有一些常见的机制可以解释铁电性:阳离子相对周围阴离子中心偏移(off-center shifts),比如在钙钛矿材料 $BaTiO_3$ 中,Ti 离子和 O 离子发生杂化,导致 Ti 离子偏离氧八面体的中心;孤对电子铁电性,有序悬挂键(ordered dangling bonds)的作用,比如 $BiFeO_3$ 和 $BiMnO_3$;电荷有序(charge ordering),比如 Fe_3O_4 和 $LuFe_2O_4$;几何效应(geometric effect),阴离子笼的畸变(比如 $YMnO_3$ 中锰氧六面体的旋转),使晶格堆积变紧密,提升了中心阳离子电偶极矩。

电荷有序和几何效应是近些年才发展起来的铁电机制。几何效应导致的铁电性最经典的例子是 $YMnO_3$,在后文中会对此进行详细的阐述。典型的电荷有序材料为 $LuFe_2O_4$。[15] 对于一维原子链,原子间距相同,每个位置具有相同的电荷,这种体系具有中心对称性。同样的链,原子间距相等,但是每个位置带电荷不同,如 NaCl 结构;这种波型称为位置中心型电荷密度波(site-centered charge density wave, S-CDW)。这样的体系也具有中心对称性,体系整体没有铁电性;当相邻的两个原子出现了二聚现象,例如 Peierls 畸变。在这种情况下,原子所带电荷一致,但是键不等价,强弱相互交替,虽然有局域的电偶极矩,但是系统总体的电偶极矩为零,这种波型称为键中心型电荷密度波(bond-centered charge density wave, B-CDW)。如果将上述两种结合起来,体系将彻底丧失对称中心,整个系统产生铁电性。

多铁材料按照组成来分,可以分为单相多铁和多相多铁。[2] 由于铁电性和铁磁性起源相互矛盾,一个要求 d 轨道是空态,一个要求 d 轨道非空,所以单相多铁种类较少。若在一种材料中,一种占位的元素仅贡献铁电性,另一种占位的元素仅贡献(反)铁磁性,两种性质之间相对独立,则称其为一类多铁;若铁电性和(反)铁磁性是同源的,一般是铁磁序诱导出铁电性,则可称其为二类多铁。在 $BiFeO_3$ 中,铁电性由于 Bi 原子中具有较强活性的孤对 $6s^2$ 电子,从而破坏空间反演对称性;其(反)铁磁性来源于 Fe^{3+},相邻的两个 Fe^{3+} 的自旋方向相反,宏观不显示净磁矩,所以属于第一类单相多铁材料。第二类多铁的铁电居里温度和反铁磁尼尔温度接近,目前发现的体系中,电和磁的转变温度都远低于室温。第二类多铁的铁电性产生机制一般有两种:一种是非共线自旋序,由于逆 DM 相互作用(inverse Dzyaloshinskii-Moriya interaction, inverse DMI),体系中离子发生非中心对称移动,产生净铁电极化[16];另一种是 ↑↑↓↓ 型的共线自旋排列方式,这种构型破坏了宇称(parity)对称,由于交换收缩作用,导致自发极化,从而产生净的电偶极矩。[17]

复合多铁由多种成分组合而成,每个组分可以仅含一种铁性,构成的体系具有两种及两种以上的铁性。复合多铁可以调节的自由度更大,可以大大拓宽材料的选择范围,而且电磁耦合特性明显,使用温度在室温以上,有利于其器件化,但是存在加工不易、需要考虑多种材料之间的匹配等问题。通过不同的异质结制备手段,可以制备成 0-3,1-3,2-2,3-3 等结构多铁材料,来实现大的电磁耦合特性。其中,0-3 型和 3-3 型结构成分不易均匀,理论研究存在困难;而 1-3 型结构电流漏导大,不易制备成器件。复合多铁中最有希望器件化的就是 2-2 型多铁,其层状结构有助于在器件上集成。现在世界上很多研究组都致力于在 Si 基底上生长多铁薄膜,从而实现其和半导体工业的有机结合。[18]人们可以根据需要选择合适的多铁体系，方便实现人工设计剪裁。利用材料的多铁性，现在已经有铁电随机存储器(FeRAM)[19]、磁随机存储器(MRAM)等器件原型[20]。随着材料制备工艺的提高，薄膜材料在很薄的情况下仍然能够保持其多铁特性，利用其隧穿特性，现在也有铁电隧道结(FTJ)[21]、多铁隧道结(MTJ)等器件问世[22]。

目前常见的复合多铁耦合机制非常有限，主要有以力场为中介的耦合机制、以积累电荷为主的调节机制和发生在磁性材料间的交换偏置机制。在以力场为核心的调节机制中，力的变化可以分为三类：①外延应力；②热应力；③本征应力。其中，外延应力最为常见，主要可以通过改变衬底材料，来实现不同面内应变量的调控。热应力是随着温度的升高或降低，不同材料组分间的热膨胀系数不同，导致组分间存在失配应力。本征应力发生的地点不在界面上，是材料由于某些外因导致自身的密度改变，从而产生了对自身的应力。复合多铁体系的电荷耦合机制主要是指，铁电材料在界面上不可避免地会产生束缚电荷。如果是自由表面，则会产生退极化场；如果铁电材料表面有电极，则这些束缚电荷会被导电电极屏蔽。由于铁磁金属电极中的电荷带有很强的自旋属性，所以在界面处会产生磁性的变化，从而实现电控磁。交换偏置一般是铁磁和反铁磁之间的耦合，比如经典的$BiFeO_3$和$La_{0.67}Sr_{0.33}MnO_3$体系：$BiFeO_3$具有反铁磁性，$La_{0.67}Sr_{0.33}MnO_3$具有铁磁性，在这两种材料的界面会产生交换偏置作用，主要表现为铁磁回线会沿着x轴产生移动，关于y轴不再对称。[23]

此外，多铁材料还具有多种自由度，若可以理解和控制点阵、电荷、自旋、轨道等自由度，将能够设计和制造新型功能材料，比如：点阵畸变可以导致新相产生，增强铁电性，调节铁磁各向异性等；电荷不平衡或化学势不同将导致界面间的电荷转移，产生二维电子气以及其他的界面电子重构[13]；界面自旋重构和人工设计的自旋结构可以产生新的磁态；轨道自由度的重构和修饰界面轨道占据态可以产生新的电子态和磁性。尤其是，自旋和电荷自由度之间的耦合是非常诱人的，可以应用在多铁器件当中，因为多铁的基本起源之一就是电子本身具有电荷和自旋的双重属性。[24]

1.4　单相多铁材料的研究进展

1.4.1　$BiFeO_3$单相多铁材料的研究进展

$BiFeO_3$长期以来吸引了众多研究者的热情，材料中物理现象丰富，具有室温下的性能，有应用的可能。$BiFeO_3$ 常温下具有菱方结构（或认为是赝钙钛矿结构），铁电转变温度（居里温度）约为 830℃，反铁磁转为温度（尼尔温度）约为 370℃，赝立方晶胞的晶格参数为 $a=b=c=0.3965$nm，$\alpha=\beta=\gamma=89.4°$，菱方单胞的晶格参数为 $a=b=0.558$nm，$c=1.387$nm，空间群为 $R3c$。[25]最初 Spaldin 等人通过理论计算，认为块体 $BiFeO_3$ 的铁电极化强度为 $100\mu C/cm^2$[26]，但是后来随着 Ramesh 组生长出 $BiFeO_3$ 的薄膜，并且测量的铁电极化值为 $50\mu C/cm^2$ 左右，Spaldin 等人修正了这一计算值[27]。$BiFeO_3$ 材料的容忍因子为 0.88，也就是说该材料允许氧八面体具有更大角度的倾转，FeO_6 八面体绕着[111]轴有较大的扭转，铁电极化方向也是沿着[111]方向。该材料的反铁磁性来源于 B 位的 Fe^{3+}，在所有方向上相邻的两个 Fe^{3+} 自旋极化方向相反，为 G 型反铁磁构型。后来的研究认为，$BiFeO_3$ 沿着[111]方向存在一个长程螺旋序，大概周期为 62nm，在这个范围以内，会有弱的反铁磁磁矩。[28]

$BiFeO_3$ 中具有丰富的畴结构。室温下 $BiFeO_3$ 存在八个铁电极化方向和四个铁弹变量方向（r_1-r_4），均沿着〈111〉方向，如图 1.3（a）所示。Christopher 等人利用球差校正的高分辨电镜技术，分别研究了 71°畴和 109°畴界面的原子构型，发现在 109°畴界面存在三角形涡旋畴，这是由畴壁处的微区电场导致的。此外，作者还分别测量了各个畴内的原子位移，给出了铁电极化方向。[29]

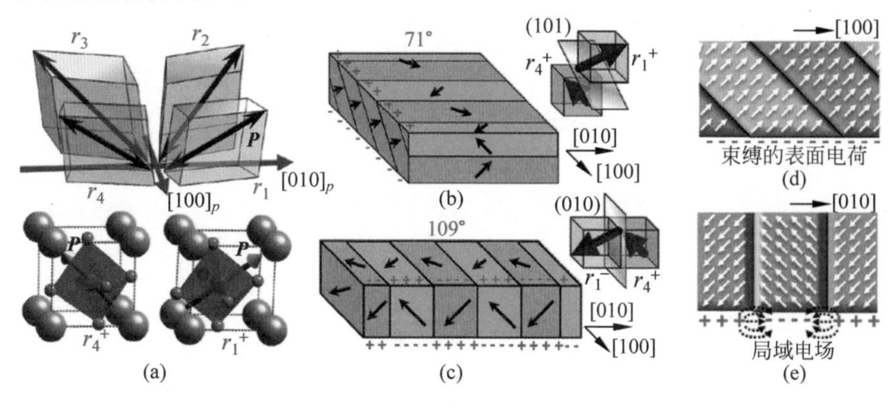

图 1.3 $BiFeO_3$ 中极化矢量和畴结构[29]

(a) $BiFeO_3$ 赝立方单胞中四种铁弹变量 r_1-r_4，下面两个单胞为向上极化的 r_1 和 r_4；(b) r_1 和 r_4 之间形成的 71°畴壁；(c) r_1 和 r_4 以(010)面为分界线形成 109°畴；(d)、(e) 没有补偿情况下两种表面束缚电荷情况

贾春林等人利用负球差校正的高分辨电镜技术，在 $BiFeO_3$ 单晶中观察到了纳米铁电畴及纳米尺度上的无序态。[30] $BiFeO_3$ 单晶中具有条带状的铁电畴，条带畴的特征宽度大约为 55nm。条带畴中间存在小三角畴，小三角畴的顶点距离大约为 1/4 的 Fe^{3+} 自旋螺旋的周期长度。$BiFeO_3$ 中的磁性大小和 Fe-O 层中的键长、键角相关，通过定量测量键长、键角，贾春林等人第一次给出了原子尺度上磁性信号的分布，实现了在电镜中铁电极化和磁矩大小的协同测量。

1.4.2 单相六方锰氧化物研究进展

锰氧化物是单相多铁材料中的另外一个研究热点，最早发现的单相多铁材料之一就是锰氧化物 $TbMnO_3$，具有非共线自旋结构，铁电极化仅有 $0.08\mu C/cm^2$。后来还有一系列的多铁锰氧化物出现，比如稀土锰氧化物 $RMnO_3$(R＝Y, Sc, Ho-Lu)。$RMnO_3$ 类的材料晶体结构会随着稀土离子半径的不同而不同，较大的稀土离子得到正交结构，较小稀土离子得到六方结构。对于理想的钙钛矿结构，Mn—O—Mn 键角应该是 180°，根据歌德施密特容忍因子(Goldschidt tolerance factor) $t=d(\text{R—O})/\sqrt{2}d(\text{Mn—O})$，$d$(R—O)和 d(Mn—O)分别是 R—O 和 Mn—O 的键长。当 A 位离子半径变小，则 $t<1$，体系对称性会降低，Mn—O—Mn 键角会偏离 180°，MnO_6 八面体会倾转，对称性会降低变为正交结构，空间群为 *Pbnm*，当 R 离子进一步减小，会降低为菱方对称性。若 R 更进一步减小，MnO_6 的对称性也无法保持，体系将变为六方结构[31]，如图 1.4 所示。本书主要讨论的是一种典型的六方结构锰氧化物 $YMnO_3$ 材料的各种性质。

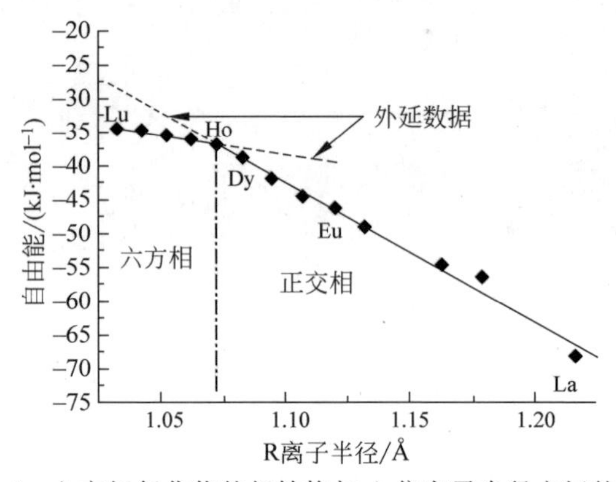

图 1.4 六方锰氧化物的相结构与 A 位离子半径之间的关系

$YMnO_3$ 的铁电机制早在2004年被提出，Aken等人认为其铁电性来源于 MnO_5 三角双锥结构在铁电相变温度以下发生了倾转，又由于库伦静电作用，O^{2-} 将A位离子顶开，从而导致 Y^{3+} 的位移极化，并且利用第一性原理计算，发现Y-O之间主要是离子键。[32]但是Cho等人通过极化的X射线吸收谱，测量出 Y^{3+} 的 $4d$ 态与 O^{2-} 的 $2p$ 态之间具有强烈的杂化，所以 $YMnO_3$ 由顺电相到非空间对称的铁电相是一个Y-O再杂化(rehybridization)的过程(如图1.6所示)，和传统的 $BaTiO_3$ 铁电材料的铁电起源有相似性，其杂化强度的增加大于电荷转移消耗的能量，所以此过程是稳定的。[33]

如图1.5(b)所示，在 $YMnO_3$ 中，MnO_5 三角双锥构成了 D_{3h} 对称性，根据晶体场理论，Mn的 $3d$ 轨道分裂为两个二重简并的轨道 $e_{1g}(yz/zx)$ 和

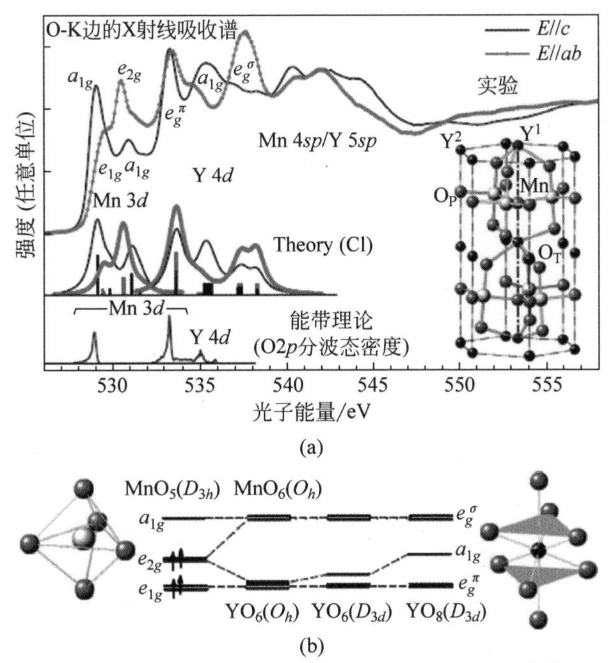

图1.5　极化X射线谱实验结果和配位场分类[33]

(a) 利用极化X射线吸收谱得到 $YMnO_3$ 的O-K边实验结果，图中O2p 的分波态密度的计算结果是从参考文献[32]中得到的，实线标明了Delta函数峰的位置；(b) $MnO_5(D_{3h})$ 和 $YO_8(D_{3d})$ 晶体场分裂的示意图

$e_{2g}(xy/x^2-y^2)$和一个单轨道 $a_{1g}(3z^2-r^2)$。Mn^{3+}的 d^4 基态构型为 $e_{1g}^2e_{2g}^2$，所以 Mn 的 d 轨道在面内和面外有很强的各向异性。又由于电子完全占据了低能级的所有轨道，所以 $YMnO_3$ 为杨泰勒效应失活的体系。对于正交相的 $YMnO_3$，Mn 离子受到 MnO_6 八面体晶体场的影响，Mn 离子的 $3d$ 轨道分裂为三重简并的 $t_{2g}(xy,\ yz,\ xz)$和二重简并的 $e_g(z^2,\ x^2-y^2)$，对于 Mn^{3+}，4 个 d 轨道电子除了占据三个 t_{2g}轨道外，还有一个占据 e_g轨道，其不同的 e_g轨道占位会影响材料的晶体结构，即受到杨泰勒效应的影响。图 1.6 展示了六方 $YMnO_3$不同方向的 X 射线吸收谱的实验结果，能够直接反映带间杂化，图中 O 的 K 边杂化峰可以划分为 Mn3d，Y4d 和 Mn4sp/Y5sp 区。在 Mn3d 和 Y4d 区具有很明显的杂化峰，说明 Mn3d-O2p 和 Y4d-O2p 之间存在杂化，而且具有各向异性。Mn3d 区包括四个主要的峰，分别为 $a_{1g}(z_{\uparrow}^2)$，$e_{1g}(yz_{\downarrow}/zx_{\downarrow})$，$e_{2g}(xy_{\downarrow}/x^2-y_{\downarrow}^2)$和 $a_{1g}(z_{\downarrow}^2)$。有峰出现，就说明有电子从 O2p 轨道跃迁到相应的能级，即产生了杂化。所以作者认为 $YMnO_3$和传统的铁电材料 $BaTiO_3$一样，其铁电性来源于阳离子和阴离子之间的杂化，而不是 Y 和 O 之间的库伦相互作用。

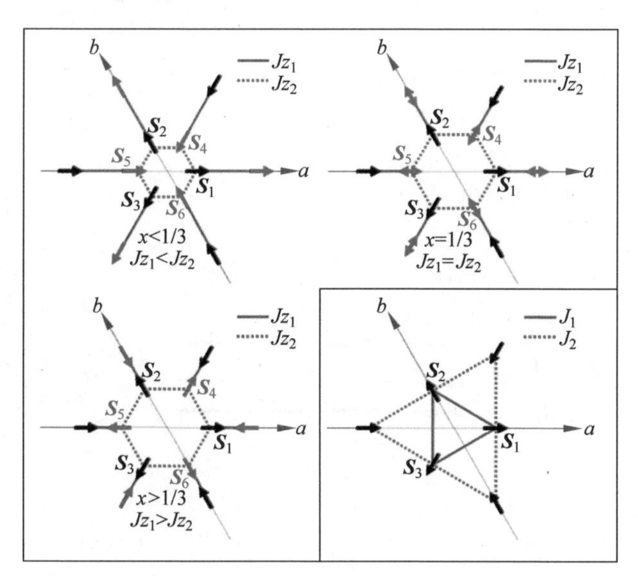

图 1.6　六方锰氧化物中 MnO 面磁构型示意图[36]

右下插图为六方 Mn-O 面内的交换积分路径 J_1和 J_2

综合前人的研究和本书的实验结果，总结得到的六方锰氧化物$YMnO_3$的铁电性起源为：从高温到低温，$YMnO_3$一共经历了两次结构转变。第一次为纯的结构转变，发生温度为T_S。A位Y离子半径小，当温度降低时，单胞倾向于紧密堆积，单胞塌陷，c轴减小，相邻的三个MnO_5六面体向中间一致倾转，即所谓的三聚(trimerization)，但是Mn^{3+}在空间中并未发生移动。体系中Y—O键为离子键和共价键的混合态(由第一性原理计算得到的Bader电荷结果可以得知)，MnO_5多面体的倾转会导致Y离子产生沿c轴方向的位移。此时$YMnO_3$的对称性由$P6_3/mmc$降低为$P6_3cm$，丢失了一个垂直于c轴的镜面。两个向相同方向移动的Y离子的位移之和与向反方向移动的Y离子的位移值相等，所以并未产生铁电极化，这种变化是由K_3声子模驱动的。当温度进一步降低，到达铁电居里温度T_C时，两个向相同方向移动的Y离子的位移值与向反方向移动的Y离子的位移值相等，产生了宏观净的铁电极化，该变化是非中心对称的Γ_2^-声子模导致的。从铁电极化结构来看，$YMnO_3$也可以被称为亚铁电材料。

$YMnO_3$与经典铁电材料$BaTiO_3$和$PbTiO_3$有区别，其铁电性并非完全来自由中心阳离子和阴离子之间产生杂化而导致非中心对称的位移，铁电性是结构转变的副产物，因此又被称为反常铁电体(improper ferroelectricity)或几何铁电体(geometric ferroelectricity)。$YMnO_3$的反铁磁性来源于Mn^{3+}，Mn^{3+}在平面内构成三角格子状排布，是经典的二维自旋阻挫体系，Mn^{3+}的自旋在面内互成120°排布，宏观上不显示净磁矩。

在自然界中，已知只有两种机制可以导致单胞内相对较大的原子位移，一种机制是自发的铁电位移，在居里温度的时候，材料丢失了中心反演对称性；另一种机制是结构畸变导致的原子移动，比如具有d^4或d^9构型的Mn^{3+}，本来二重简并的e_g轨道劈裂，导致了杨泰勒效应。上述两种机制可以导致单胞的晶格常数有百分之几的变化，除此之外的因素导致的原子位移都在10^{-5} Å的量级。人们在六方锰氧化物中发现了第三种机制，就是磁弹耦合，Mn离子会在反铁磁相变点附近有偏离高对称性位置的大的原子位移。Lee等人通过变温的中子衍射实验发现六方锰氧化物中磁性离子的原子位置会随着温度的变化有较大的运动，此运动伴随着材料整体磁构型的转变。[34] 高于尼尔温度时，Mn离子位于1/3威科夫位置(Wyckoff position)，该位置为高对称位置，Mn离子在二维平面内构成了完美的三角格子。低于尼尔温度时，Mn离子位置较大程度的偏离1/3威科夫位置。

比如在 $YMnO_3$ 中,10K 下 Mn 离子在面内的威科夫位置为 0.3423,300K 时 Mn 离子的位置为 0.333。当 Mn 离子之间的距离不相等时,Mn 与 Mn 之间的交换积分也不相同,会影响材料整体的磁性质。[35] Fabrèges 等人利用高分辨的中子衍射实验同时测定六方锰氧化物中的原子结构和磁结构,发现 Mn 离子在磁性转变温度时有较大的面内位移,伴随着材料整体磁构型的转变。[36] 指出 Mn 在面内的位置(即 Mn 的位置与 1/3 的关系),既决定了同一层 Mn-O 面内的交换作用情况,也决定了不同层内 Mn 与 Mn 之间相互作用的符号,从而决定了材料的三维磁构型。在六方锰氧化物中,Mn 离子除了面内的相互作用,还存在不同 Mn-O 层之间的超超相互作用,该相互作用是通过 MnO_5 多面体顶点位置的相近的两个氧来传递的。无论 Mn 离子在面内的位置是否处于 1/3,其 Mn-O 面内的三角对称性不会改变,仍然是几何阻挫体系(如图 1.6 右下插图所示),改变的是不同 Mn-O 面间的磁相互作用。如图 1.6 所示,不同 Mn-O 面间的交换路径有两种,J_{Z_1} 为 $\boldsymbol{S}_4$ 和 $\boldsymbol{S}_3$ 之间的交换积分,J_{Z_2} 为 $\boldsymbol{S}_4$ 和 $\boldsymbol{S}_1$ 或 $\boldsymbol{S}_4$ 和 $\boldsymbol{S}_2$ 之间的交换积分,红色箭头表示位于 $z=0$ 面内的 Mn 离子自旋,黑色箭头表示位于 $z=1/2$ 面内的 Mn 离子自旋。假设 Mn 离子在面内的威科夫位置为 x,则 $\boldsymbol{S}_1$ 位于$(x,0,0)$,$\boldsymbol{S}_2$ 位于$(0,x,0)$,$\boldsymbol{S}_3$ 位于$(-x,-x,0)$,$\boldsymbol{S}_4$ 位于$(x,x,1/2)$,$\boldsymbol{S}_5$ 位于$(1-x,0,1/2)$,$\boldsymbol{S}_6$ 位于$(0,1-x,1/2)$。当几种自旋取向均可以稳定存在时,可以用双箭头表示。

当 Mn 离子位于 1/3 位置时,所有的面间交换相互作用等效;当 Mn 离子不在 1/3 位置时,两种 Mn-O 面间的磁交换积分 J_{Z_1} 和 J_{Z_1} 不再等效。Mn 离子威科夫位置小于 1/3 时,J_{Z_1} 交换积分路径大于 J_{Z_2},所以 $J_{Z_1}-J_{Z_2}\leqslant 0$。通过简单的薛定谔方程求解,可以推导出体系的能量表达式为

$$\varepsilon=-\frac{3}{2}J\boldsymbol{S}^2+(J_{Z_1}-J_{Z_2})(\boldsymbol{S}_3\cdot\boldsymbol{S}_4) \tag{1-1}$$

为了使体系能量最低,$(J_{Z_1}-J_{Z_2})$和$(\boldsymbol{S}_3\cdot\boldsymbol{S}_4)$项的符号应相反,所以当 Mn 离子位置小于 1/3 时,$J_{Z_1}-J_{Z_2}\leqslant 0$,故 $\boldsymbol{S}_3$ 和 $\boldsymbol{S}_4$ 自旋平行排列时体系最稳定。如图 1.7 所示,在尼尔温度以下,Mn 离子会在某一温度时发生较大的位移,该温度为自旋再取向温度。若在尼尔温度以下,Mn 离子的位置总是大于或小于 1/3,则自旋构型不会发生改变(比如 $YMnO_3$ 和 $YbMnO_3$);若 Mn 离子的位置可以跨越 1/3 位置变化,则自旋构型会发生变化(比如 $HoMnO_3$ 和 $ScMnO_3$)。$HoMnO_3$ 中,自旋再取向温度(红色箭头所示位置)

低于尼尔温度(蓝色箭头所示位置),自旋再取向温度以下,Mn离子的位置大于1/3,为了使体系能量最低,$\boldsymbol{S}_3$和$\boldsymbol{S}_4$自旋反平行排列,自旋再取向温度以上,Mn离子的位置小于1/3,$\boldsymbol{S}_3$和$\boldsymbol{S}_4$自旋平行排列。

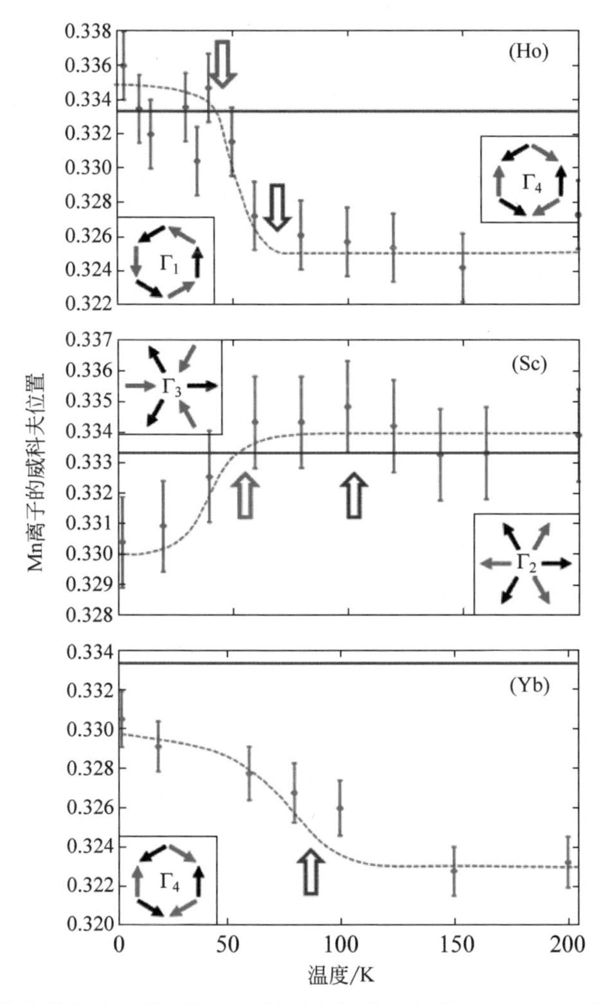

图1.7 高分辨中子衍射实验中得到不同的$RMnO_3$(R=Ho, Sc和Yb)单胞中Mn离子的威科夫位置

红色和蓝色箭头分别代表尼尔温度和自旋再取向温度,每个小图中右侧和左侧插图分别为自旋再取向温度以上和以下的Mn离子磁构型[36]

除了磁弹耦合以外，$YMnO_3$ 中铁电畴和反铁磁畴也是相互耦合的。Fiebig 等人利用光学二次谐波发生(optical second harmonic generation，optical SHG)的技术研究了 $YMnO_3$ 中的畴结构，发现铁电畴总是和反铁磁畴耦合在一起，所以 $YMnO_3$ 中如果利用外加电场调节材料的铁电畴，其实也在调节材料的反铁磁畴，做到真正的电控磁。[37]

六方锰氧化物由于对称性的限制，具有单轴各向异性，仅存在沿着空间 c 方向的铁电极化和 180°铁电畴壁。这类材料中铁电畴和结构反向畴是互锁的，在低温下，反铁磁畴和铁电畴是重合的，所以其力、电、磁之间的耦合特性在畴壁上体现得淋漓尽致。[38,39] 两种极化方向(+，−)以及三种反相关系(α, β, γ)组成了六个序参量($\alpha^{\pm}$，$\beta^{\pm}$，$\gamma^{\pm}$)。[40] 若在一个涡旋核心处沿着顺时针方向观察，畴之间相位关系为 α^{+}，β^{-}，γ^{+}，α^{-}，β^{+}，γ^{-}，则该涡旋核心为正涡旋核心；若相位关系为 α^{+}，γ^{-}，β^{+}，α^{-}，γ^{+}，β^{-}，则称为反涡旋核心。在拓扑学中，对于涡旋和反涡旋有着明确的定义，如图 1.8 所示。并非是六方锰氧化物中的序参量一个沿着顺时针方向转动(图 1.8(a))、一个沿着逆时针方向转动(图 1.8(b))就是正涡旋和反涡旋。对于图 1.8(a)和(b)两种情况，绕着红点顺时针方向观察(即公转方向)，箭头的自转方向都是绕着顺时针方向转动，所以两者都是正涡旋。如图 1.8(c)所示，绕着红点顺时针方向观察，箭头的自转方向是逆时针方向，这种构型为反涡旋。正涡旋和反涡旋模型中的箭头方向在 $YMnO_3$ 的原子结构中对应着 MnO_5 配位场顶点 O 离子的位移方向。如图 1.9 所示，这里仅画出了 Y 离子平面及其最近邻的两层 O 离子平面，示意图中的单胞均沿着[001]方向，图中大的黄色圆圈代表 Y 离子，中间带叉的符号表示 Y 离子的铁电位移垂直纸面向里，带点的符号表示铁电位移垂直纸面向外，小圆表示 MnO_5 三角双锥顶点位置的 O，O 离子上面的箭头表示了其相对于高对称 $P6_3/mmc$ 相的位移方向。[38] 对于 α^{+}，β^{-}，γ^{+}，α^{-}，β^{+}，γ^{-} 正涡旋结构，β^{-} 中绿色 O 离子上代表位移方向的箭头相对于 α^{+} 中绿色 O 离子上的箭头沿着顺时针方向旋转了 60°，以此类推。实际样品中的涡旋核心对应着图 1.8 中的红点，不同铁电畴内 O 离子位移方向的变化情况对应图 1.8 中的箭头方向，据此能定义出正涡旋核心和反涡旋核心。在六方锰氧化物中，每个畴壁都连着一个正涡旋核心和一个反涡旋核心，其特殊的铁电性能以及有趣的三维铁电畴结构，引发了研究热潮。也正由于其三维的拓扑结构，给研究过程带来了很大麻烦，畴壁是三维曲面，使得关于畴壁的特性很难进行定量说明，后续的文章报道中也很少有定量的结果。

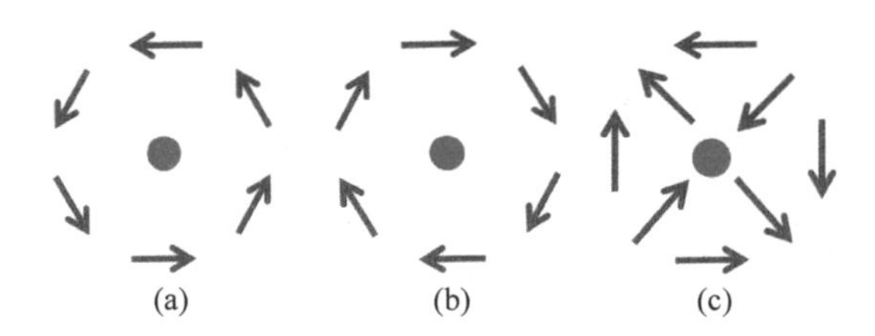

图1.8　正涡旋(a)、(b)和反涡旋(c)构型示意图

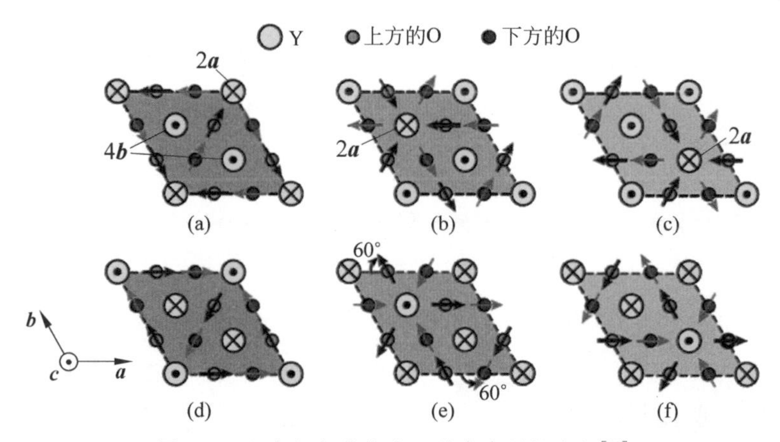

图1.9　六方锰氧化物中六种序参量的定义[38]

(a) α^+ ($\varphi=0°$); (b) β^+ ($\varphi=240°$); (c) γ^+ ($\varphi=120°$); (d) α^- ($\varphi=180°$); (e) β^- ($\varphi=60°$); (f) γ^- ($\varphi=300°$)

Reprinted by permission from Springer Nature Terms and Conditions for RightLink Permissions Springer Customer Service Centre GmbH: Nature, Nat. Commun. Structural domain walls in polar hexagonal manganites, Y. Kumagai, N. A. Spaldin, Copyright 2013.

至于拓扑畴的涡旋核心结构，早在2013年，Zhang等人就利用扫描透射电镜中的高角环形暗场像技术进行了细致的观察，他们发现在涡旋核心处存在几个单胞宽度的区域，在该区域中Y离子没有铁电位移极化。[40] Yu等人利用负球差校正的高分辨电镜技术也观察到了六瓣畴汇合的区域，在该区域中存在小的通道，可以使不同的畴区之间相互连接，作者称此区域为多瓣畴区，而并非是涡旋核心。[41]

Han等人率先在六方多铁锰氧化物$ErMnO_3$体系中实现了原位加电的研究。[42]将聚焦离子束(focused ion beam, FIB)方法制备的透射电镜样品放入到原位电学杆上，施加不同的电场，观察拓扑畴的演化行为。实验发现六瓣畴核心为拓扑保护的中心，在外加电场下位置不变，他们推测的原因是氧空位在此处钉扎。电场的施加方向沿着 c 轴方向，每个畴的铁电极化方向用黄色小箭头表示，涡旋核心用绿色实心点表示，从 50kV/cm～66.7kV/cm，从 150kV/cm～0，从 −33.3kV/cm～−50kV/cm 时，畴壁位置会发生突然改变，用白色箭头表示。值得注意的是，三次达到 0 时，畴态具有类似的构型。该材料的铁电畴壁同时也是反相畴壁，所以相邻两个同极化方向不同相位的畴在样品杆施加的偏压下只能相互靠近，畴壁并不能够消失。作者统计了某一极化方向的面积与外加偏压之间的关系，能够得到与滞回曲线相似的实验结果。

$YMnO_3$ 单晶会随着生长条件的不同，而出现不同的畴态[43]（如图 1.10 所示），图中亮暗区域分别对应铁电畴极化向下和向上。如果在空气中生长，将形成标准的三叶草型（cloverleaf）涡旋畴，畴普遍比较小，连接紧密；如果在 Ar 气中生长，则形成的畴较为宽大，涡旋畴不明显，畴壁较为平直。中国科技大学提供的单晶样品是利用浮区方法（floating zone）生长，生长环境应该是在 Ar 气中，畴较为宽大。

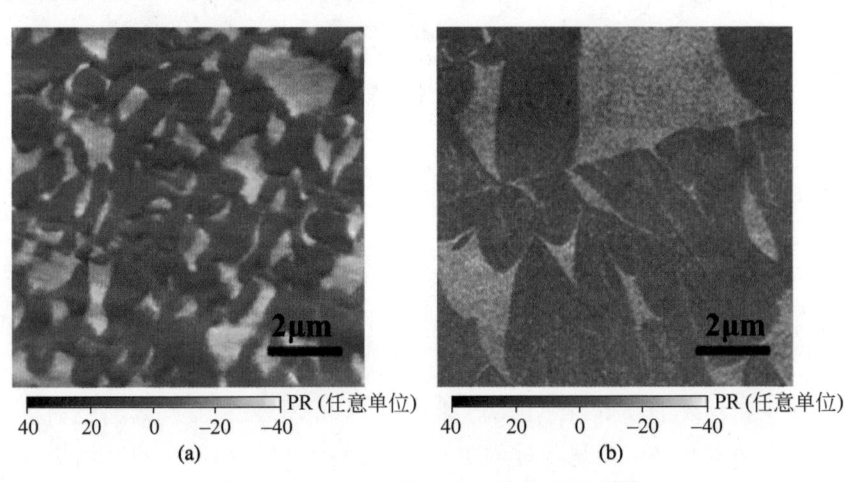

图 1.10 a-b 面上的压电力显微镜照片[43]

(a) 空气中生长的；(b) 氩气中生长的 $YMnO_3$ 单晶表面

Reproduce from Ref. [43] with permission of the PCCP Owner Societies.

六方锰氧化物还具有其他丰富的物理现象，比如拓扑保护的畴结构，六瓣状的畴图案形成涡旋状结构；Chae 等人用图论的方法说明了 $YMnO_3$ 中的六瓣畴结构符合二染色特点，并且每个畴都是由偶数个畴壁围绕而成[44]；$YMnO_3$ 中的铁电在三维空间中不断延伸，不可避免地会引入带电畴壁，而且带电畴壁是稳定存在的[45]，有利于发展成为下一代存储器件；Wu

等人用导电原子力显微镜(conducting atomic force microscopy, CAFM)观察到尾对尾带负电的畴壁具有较好的导电性[46],这是因为 $YMnO_3$ 是P型半导体,空穴载流子为多子且容易在带负电的畴壁上聚集[47]。总之,六方锰氧化物由于其广阔的应用前景和丰富的物理现象,吸引了世界上越来越多的关注。

1.4.3　稀土铁氧化物单相多铁材料的研究进展

Fe^{3+} 和 Mn^{3+} 的离子半径非常接近,当用 Fe^{3+} 替代 Mn^{3+} 之后,材料的晶体结构基本不变,而且材料还可以获得更高的磁性转变温度。类似于稀土锰氧化物,稀土铁氧化物($RFeO_3$)也具有丰富的多铁性质,本节重点阐述 $LuFeO_3$。$LuFeO_3$ 具有两种不同的晶体结构,自然状态下生长的陶瓷或单晶材料具有正交相,空间群为 *Pbnm*。正交相的 $LuFeO_3$ 具有弱的铁磁性和极弱的铁电性。[48]如果将 $LuFeO_3$ 作为薄膜材料生长在具有六次对称的基底上,则能够得到六方相的 $LuFeO_3$,具有和六方 $YMnO_3$ 几乎完全相同的晶体结构。六方相的 $LuFeO_3$ 也属于几何铁电体,铁电极化较强,具有弱磁性。Song 等人找到两种不同形态的 $LuFeO_3$ 的准同型相界,然后将正交相 $LuFeO_3$ 和六方相 $LuFeO_3$ 同时生长在 Pt/Al_2O_3 基底上,在此体系中测量出了室温下的多铁性。[49]

Wang 等人将 $LuFeO_3$ 直接生长在 Al_2O_3 基底上,发现薄膜中除了铁电性(居里温度为1050K)以外,还存在弱的铁磁性。[50]中子衍射得到的磁性测量结果表明,薄膜中的自旋构型为反铁磁态,尼尔温度为440K,但是这种反铁磁态在室温下会沿着面外转动,所以宏观上具有弱的铁磁性。但是这个测量结果目前仍存在争议。Disseler 等人用分子束外延(molecular beam epitaxy, MBE)的方法将 $LuFeO_3$ 分别生长在YSZ(111)和 Al_2O_3(0001)基底上,利用中子衍射来探测薄膜中的磁信号,发现 $LuFeO_3$ 的磁性转变温度在155K,而且该转变温度和样品的厚度无关,所以 $LuFeO_3$ 不具有室温下的多铁性。[51]

近期,如图1.11所示,Schlom 研究组将 $LuFeO_3$ 和 $LuFe_2O_4$ 生长成为超晶格,并在该体系中得到了室温下的多铁性。[52]他们系统地研究了不同组分的 $(LuFeO_3)_m/(LuFe_2O_4)_n$ 的超晶格薄膜,发现 $(LuFeO_3)_9/(LuFe_2O_4)_1$ 比例的薄膜具有最强的铁电性和铁磁性。体系中的铁电性来源于 $LuFeO_3$ 中Lu元素的位移,该位移还会诱导 $LuFe_2O_4$ 中Lu元素的位移。$LuFe_2O_4$ 中的Lu元素受到 $LuFeO_3$ 的位移影响,也产生了上上下下的原子构型,此构型会诱导体系产生净磁矩，所以在该超晶格体系存在室温下的电磁耦合特性，具有较大的科学意义和应用前景。

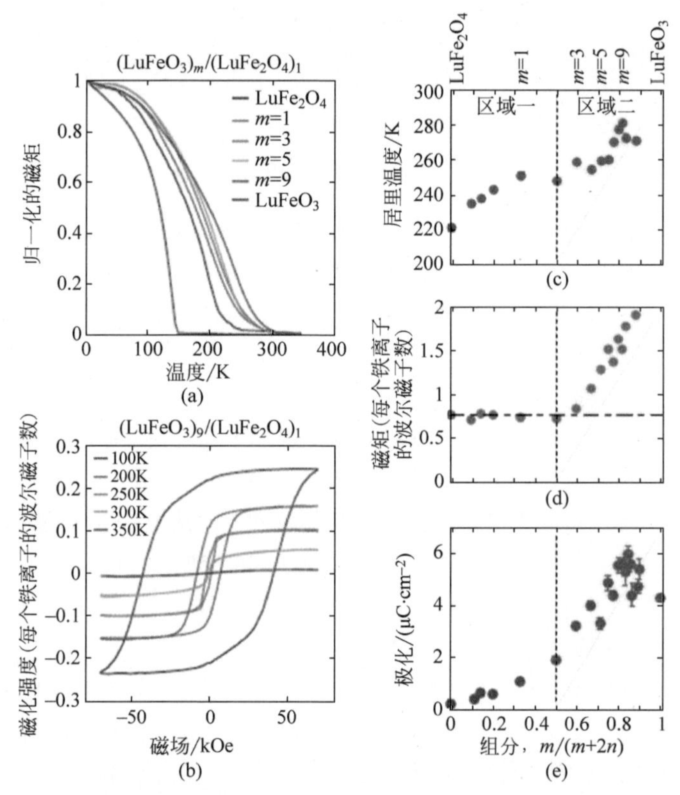

图 1.11 $(LuFeO_3)_m/(LuFe_2O_4)_n$超点阵的电学和磁学性能表征[52]

(a) $(LuFeO_3)_m/(LuFe_2O_4)_1$超点阵的磁性温度曲线；(b) $(LuFeO_3)_9/(LuFe_2O_4)_1$超点阵在不同温度下的磁滞回线；(c) 铁磁居里温度随着 $LuFeO_3$ 层中 Fe 含量的变化，区域一展示的是 $(LuFeO_3)_1/(LuFe_2O_4)_n$的测量结果，区域二展示的是$(LuFeO_3)_m/(LuFe_2O_4)_1$的测量结果；(d) 在50K 时 $LuFe_2O_4$中每个 Fe 的总磁矩；(e) 从电镜照片中定量测量的不同组分中铁电极化值

1.5 复合多铁的研究进展

高质量的薄膜材料和新的材料体系不断涌现，使得复合多铁领域发展日新月异。目前常见的长膜方式有脉冲激光沉积(pulsed laser deposition,

PLD)和分子束外延。

脉冲激光沉积法使用的设备相对便宜,能够通过优化生长条件,将靶材上的样品按照化学计量比溅射生长在指定的薄膜上,生长过程中氧分压从超高真空到大气压连续可调,可以在纳米精度上控制薄膜的生长。基底通常选择和薄膜晶格常数匹配的材料,从而减少界面应力,实现高质量的外延。

分子束外延的设备相对较贵,其生长过程可以理解为原子喷涂。事先将靶材加热至熔融状态,通过控制快门的时间和顺序,沉积不同的原子层,此技术能够在单原子层的尺度上实现精确控制。

目前最多见的复合多铁材料是以力为耦合中介的体系,在外加磁场的激励下产生电学响应,则称为正磁电效应,反之则成为负磁电效应,其表达式如下:

$$\text{磁电效应}=\frac{\text{电极化}}{\text{机械应变}}\times\frac{\text{机械应变}}{\text{磁极化}} \tag{1-2}$$

2004年,Ramesh等人在$BaTiO_3$-$CoFe_2O_4$体系中发现了电磁耦合,该工作是复合多铁体系中的研究中具有开创性的工作之一。[53]他们将$CoFe_2O_4$生长成为纳米柱,$BaTiO_3$作为基体,成为1-3复合体系,由于该体系存在较强的漏导,不能通过直接施加外电场来看磁信号的变化。作者利用$BaTiO_3$在居里温度时会发生结构相变,来探测高温下复合体系中磁信号的改变。作者在居里温度附近观察到$CoFe_2O_4$的磁矩发生改变,这是由于$BaTiO_3$的相变会导致晶格的畸变,该畸变在$BaTiO_3$-$CoFe_2O_4$界面上通过逆磁致伸缩效应影响$CoFe_2O_4$的磁矩。

复合多铁体系由于具有较明朗的应用前景,吸引了众多研究者的关注。但是目前仍然有许多基础的问题没有解决:

(1) 多铁体系的硅基复合问题。目前多铁体系薄膜的组分选择主要集中在类似$BaTiO_3$的钙钛矿体系,这类材料和Si之间晶格匹配性差,不容易在Si基上实现外延生长。

(2) 电磁耦合的性能测试手段不够完善。目前能够比较好地实现电控磁的测量,但还不能够较好地测量磁控电,主要原因是磁控电得到的电信号较弱。

(3) 电磁耦合的机制还不够清晰,新的电磁耦合机制仍待探索。

(4) 大规模高质量的外延薄膜还无法得到。目前对多铁材料的研究仍处在实验室阶段。

1.6 单晶的生长方法

近年来，块体生长技术取得了长足进展，人们可以根据需求人工合成自然界没有的高质量单晶，认识理解材料的本征行为，有力地促进了单相多铁材料的研究和应用。$YMnO_3$单晶现在可以利用浮区法和助熔剂法(flux method)成功制备。浮区法是利用浮区炉来生长单晶，适用于生长熔点极高的材料，但是不可用于冷却时发生固态相变的材料。该方法生长速度快，得到的单晶较大而且质量较高。单晶材料的生长方向和材料本身的属性相关，利用该方法生长的$YMnO_3$单晶棒的轴向方向为[110]。[54, 55]本书中大部分的工作都是基于浮区法生长的单晶，因为此类单晶块大，容易制备具有较大薄区的透射电镜样品。

助熔剂法利用传统的马弗炉烧结，将高纯度的Mn_2O_3粉和Y_2O_3粉按照化学计量比事先混合均匀，再加入Bi_2O_3作为助熔剂，在高温熔融状态下进行烧结。[56, 57]晶体成分会在熔剂中析出，再将烧结好的样品戳碎混匀，再次进行烧结，如此反复多次，可以得到较高质量的单晶材料。图1.12为助熔剂法生长的$YMnO_3$的基本表征，小片单晶尺寸在1mm左右，生长沿着[001]方向，图1.12(a)中插图展示的是光学显微镜下得到的单晶照片，该

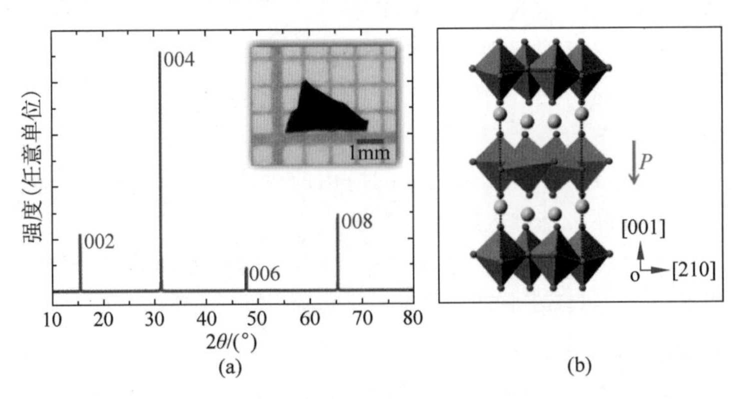

图1.12 助熔剂法生长的单晶$YMnO_3$表征[56]

(a) X射线衍射实验表明助熔剂法生长的单晶具有较高的质量；(b) $YMnO_3$的单胞模型，O离子用红色表示，Y离子用黄色表示

Reprinted form J. Li, H. X. Yang, H. F. Tian, C. Ma, S. Zhang, Y. G. Zhao, and J. Q. Li, Scanning secondary-electron microscopy on ferroelectric domains and domain walls in $YMnO_3$, Appl. Phys. Lett. 100, 152903, 2012, with the permission of AIP publishing.

方法生长的单晶往往比较小，生长单晶缓慢，助熔剂有毒会污染环境。此外，由于马弗炉中无法保持所有位置的温度和气流均一致，得到的材料质量会有区别，而且不同批次烧结得到的单晶材料质量也不相同。尤其是$YMnO_3$类多铁锰氧化物，其畴结构和材料的生长过程密切相关。[58]

1.7　本书的研究思路

综合前文的背景介绍，可以发现六方锰氧化物中铁电畴和结构反向畴互锁[40]，铁电畴和反铁磁畴互锁[37]，并且还具有巨磁弹耦合效应[35]，所以六方锰氧化物是一类具有电、磁、弹耦合的材料，利用此系统能方便地实现对多种序参量的综合研究。此外，对于六方$YMnO_3$，A位的Y离子没有磁性，体系中的磁性仅来源于B位的Mn离子，在该体系中不存在来自不同离子之间的磁交互作用，能够对每种序参量进行独立的研究。

本书综合利用各种电子显微学的实验手段，对材料缺陷结构和基本的物理性质进行研究。如图1.13所示，整体的研究思路为先从介观尺度分析畴结构，再从原子尺度分析材料的物理性质，最后再利用研究成果调控材料性能，构建起结构和性质之间的联系。

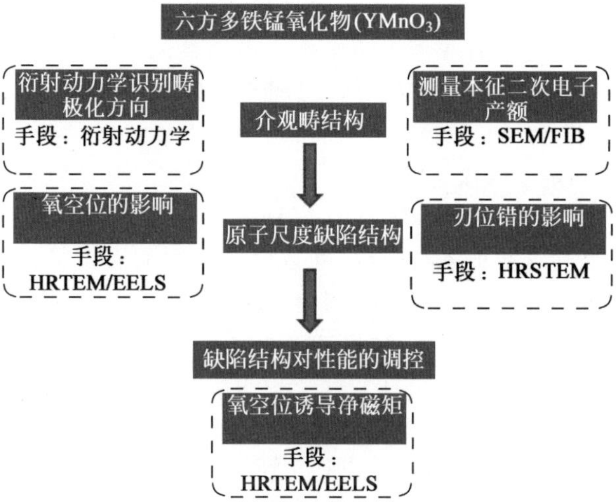

六方多铁锰氧化物($YMnO_3$)
衍射动力学识别畴极化方向
手段：衍射动力学
介观畴结构
测量本征二次电子产额
手段：SEM/FIB
氧空位的影响
手段：HRTEM/EELS
原子尺度缺陷结构
刃位错的影响
手段：HRSTEM
缺陷结构对性能的调控
氧空位诱导净磁矩
手段：HRTEM/EELS

图1.13　本书研究思维导图

首先在介观尺度对畴结构进行研究，扫描电镜和透射电镜具有完全不同的成像原理，扫描电镜使用的是二次电子成像，透射电镜则具有衍射动力学效应。利用扫描电镜定量测量了不同极化畴的二次电子产额的差别，利用透射电镜中非中心对称晶体的衍射动力学理论解析了双束暗场像下不同极化畴的铁电极化方向。其次，在材料中发现了非六瓣的畴结构，得到原子尺度畴核心的高分辨率照片，利用拓扑学的办法对畴结构进行分类，成功地预测了所有的畴结构。此外，还利用球差校正的电子显微学方法，在原子尺度上分析了氧空位的形成位点，以及氧空位对材料晶体结构和电子结构的影响。最后，利用建立起的氧空位位置和磁结构之间的联系，通过选择不同的基底实现了特殊位点的氧空位，成功地调节出材料的铁电-铁磁耦合特性，对材料的器件化应用做铺垫。

1.8　本书的创新点

本书的主要创新点可以大致分为以下四个方面：

(1) 基于本书对显微结构深入细致的研究，发现了 $YMnO_3$ 中与 Mn 离子共平面的氧空位和顶点氧空位对材料磁构型的影响，提出了利用激光沉积方法将 $YMnO_3$ 生长在提供压应变的 Al_2O_3 基底上，诱导产生顶点氧空位，实现了 $YMnO_3$ 单相多铁材料中的铁电-铁磁共存，对单相多铁材料的器件化提供了有价值的思路。

(2) 研究和分析了 $YMnO_3$ 中涡旋畴和刃位错两种拓扑缺陷之间的关系，发现在单晶材料中有非六瓣畴出现。该体系的序参量空间被进行了重新定义，对每种非六瓣的畴结构进行了同伦群分类，并且根据拓扑学理论预测了三种新的畴态。

(3) 定量测定不同极化畴内的二次电子产额差别。利用扫描电子显微镜慢速扫描且大电子束流的条件，观察到样品本征的亮暗衬度。利用 FIB 制样，控制样品的背散射系数一致，并且使用自制的法拉第杯，实现了不同畴区二次电子产额差别的定量测量。

(4) 发展了低倍暗场像判断铁电畴极化方向的简易方法。在双束暗场像下，通过对比不同畴区的相对亮暗程度，可以唯一地识别不同畴的铁电极化方向以及不同畴壁的带电属性。

本书主要利用电子显微学从事如下研究：

(1) 综合应用透射电镜领域中的多种手段，全面研究单相多铁材料 $YMnO_3$ 的结构缺陷，铁性序参量的耦合以及拓扑畴的空间演化等问题。研究单相多铁材料的拓扑结构，重新认识其铁性起源、拓扑结构、不同序参量之间的耦合与调控机制。

(2) 通过实空间与倒空间结合的方法来讨论局部微区内的缺陷结构、元素组成、成键情况、原子构型等对多铁特性的影响。

本书的主要框架如下:第 1 章以单相多铁材料为重点,整体介绍了多铁材料的研究背景;第 2 章介绍本工作中主要使用的透射电子显微学方法;第 3 章介绍如何利用扫描电镜,来实现不同极化方向的铁电畴的相对亮暗衬度反转,并且定量测量不同畴区的二次电子产额差别;第 4 章介绍电子衍射动力学方法解析 $YMnO_3$ 中拓扑畴的极化方向;第 5 章介绍两种不同类型的拓扑缺陷的耦合,阐明了拓扑缺陷的耦合机理,对非六瓣畴的形成机制做了解释,并且预测出了新的畴结构;第 6 章介绍氧空位对材料的晶体结构和电子结构的影响;第 7 章建立了氧空位和磁结构之间的关系,利用特定位置的氧空位诱导 $YMnO_3$ 薄膜中的铁磁性,实现单相多铁材料中的铁电-铁磁耦合;第 8 章为结论与展望。

1.9 本章小结

综上所述,由于电子工业的不断发展和摩尔定律的濒临极限,迫切需要一种新的革命性的电子材料来促进信息工业的持续发展,多铁材料将会成为最有希望的材料之一。但是多铁材料目前还有许多基本问题不清楚:(1)多铁材料中多种序参量之间的耦合机制;(2)在微观尺度上的反常多铁性的理解与调控;(3)多铁材料和目前的硅基半导体工业的兼容性等。

多铁材料的常规表征手段包括压电力显微镜(piezoelectric force microscopy, PFM)和超导量子磁强计(superconducting quantum interference device, SQUID)等,但是这些手段都存在分辨率不足或铁性序参量之间的耦合无法较好测量等问题。本书主要使用各种电子显微分析的方法在介观和纳观尺度上综合研究单相多铁材料 $YMnO_3$ 中结构和性质的关联。透射电镜能够在实空间、动量空间和能量空间实现协同测量,对理解微区结构缺陷、畴拓扑结构、局部电极化特性有重要意义。尤其是近期快速发展的负球差校正技术,可以在电镜中实现亚埃尺度的观测,得到畴内、畴壁、畴核心等拓扑缺陷处的信息,有助于综合理解材料内部的缺陷态及其对性能的影响。本研究组发展的磁圆二色谱技术(energy-loss magnetic chiral dichroism, EMCD),能够用来测量微区内的磁信号,可以定量解得纳米级微区的化学组成、价态、成键、磁结构等信息,从而有希望在原子尺度对铁性序参量的耦合机制进行深入的研究。

第2章 透射电镜中常用的实验方法

2.1 引　　言

在17世纪，两个著名科学家的发现，大大促进了人类认识和理解世界的能力，一个是伽利略，一个是列文虎克。伽利略发明了望远镜，使人类看得更远；列文虎克发明了光学显微镜，使人类看得更小。经过探索，人们发现光学基放大设备的分辨极限受到光波长的限制，光学显微镜的分辨率表达式为

$$\sigma = \frac{0.61\lambda}{N \times \sin(\alpha/2)} \tag{2-1}$$

式中：λ为波长；N为介质折射率；α为孔径角。光学的波长比较大，所以分辨率比较差。后来，科学家尝试应用波长更小的“光源”来探测物质，发现电子具有质量小，带电荷等优点，在电场下容易加速，非常适合作为显微镜的“光源”，可以大大提高显微镜的分辨率。通过提升电子显微镜的加速电压，可以减小电子束的波长，不断提升分辨率。再后来，人们发现仅靠电压的提升来提高分辨率，会带来很多问题，对样品的损伤大，装备更加复杂，资金投入多，分辨率提升也不明显。现代电镜中普遍使用的是电磁透镜，电磁透镜由于加工误差等原因，其汇聚电子束的能力不够理想，于是就在电子显微镜中引入了球差校正器。图2.1展示了显微镜领域的发展脉络，最初，在光学显微镜遇到瓶颈后，以电子作为“光源”的显微镜分辨率有了大幅提升，球差校正技术的诞生使得分辨率又有了大幅提高。现代透射电子显微镜往往在单一设备中集成了多种功能，包括透射模式、扫描透射模式、衍射模式、电子能量损失谱等，能够在实空间、动量空间和能量空间上进行综合分析，从而建立起材料结构和性质之间的联系，是材料学领域中不可或缺的研究手段。本章将简要介绍一些常用的透射电子显微学方法，为后续章节做铺垫。

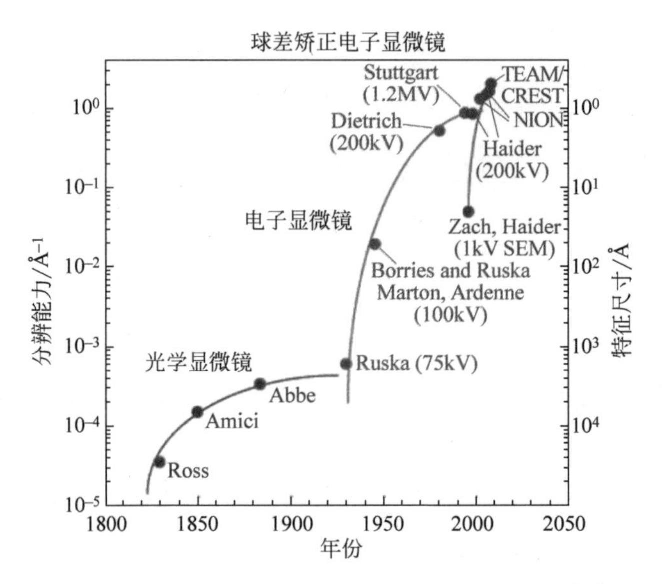

图 2.1　透射电子显微镜的分辨率极限发展年事表[61]

2.2　像差校正透射电镜的基本原理

在透射电镜中，高能电子经过样品后，受到样品中电势的调制。透射电镜的分辨率主要受到加速电压和物镜球差的影响。[59]在一般的商业电镜中，往往固定电压或者限制最高使用电压，所以球差系数的调整就显得至关重要。透射电镜中的分辨率有两种定义：一种是点分辨率[60]，即在谢策尔离焦(Scherzer defocus)条件下可分辨可解释的最小结构细节；一种是信息分辨率，即成像系统中所能传递的最大空间频率。信息分辨率与电镜中的空间($E_s(\boldsymbol{k})$)和时间包络函数($E_t(\boldsymbol{k})$)有关。实验中人们总是尝试提高点分辨率，谢策尔离焦量和物镜球差系数与电子波长有关。在球差校正器出现之前，人们仅能通过提高电压来提升电镜的分辨率。

在透射电镜中，所有的透镜都是利用电磁场对电子产生偏转的原理制造的，其最大的特点是只能实现对电子束的汇聚，而不能将电子束发散。直到 1998 年，Haider 等人发明了球差校正器，实现了电磁透镜的发散作用，通过与透射电镜中的电磁透镜相结合，能够将来自光轴和偏离光轴的电子真正汇聚到一点（球差的形成原理如图 2.2 所示），从而大大提高电镜的分辨率[62]。

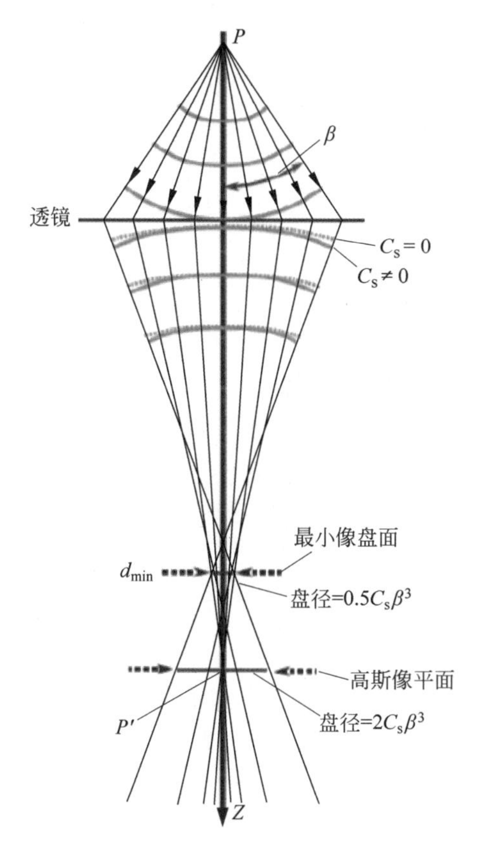

图 2.2　电子光路中球差形成的示意图[64]

Adapted by permission from Springer Nature Terms and Conditions for RightsLink Permissions Springer Customer Service Centre GmbH: Springer Nature, Transmission electron microscopy by D. B. Williams, C. B. Carter. Copyright 2009.

Jia 等人在球差校正技术的基础上，将球差系数变为负值，发明了负球差成像技术。该技术最大的特点是在黑色的背底上显示出白色的原子衬度，原子衬度和背底之间的对比度增大，而且对轻元素敏感，能够同时将轻元素和重元素成像[63]。

高分辨透射电镜成像需要超薄的样品（样品厚度应在 10nm 以下），电子束在样品中仅发生相位改变，而不改变电子波的振幅，这样图像能够满足

弱相位体近似。假设样品中平均投影电势为 $V(\boldsymbol{r})$，则样品的相位体函数为[65]

$$q(\boldsymbol{r}) = \exp[\mathrm{i}\sigma V(\boldsymbol{r})] \tag{2-2}$$

式中：σ 表达了高能电子与原子势之间的相互关系，被称为“相互作用常数”。将入射到样品的电子波函数表示为 $\psi_{\mathrm{init}}(\boldsymbol{r})$，由于是平行束入射，所以 $\psi_{\mathrm{init}}(\boldsymbol{r}) \approx 1$，从样品中出射的电子波函数为

$$\psi_{\mathrm{exitwave}}(\boldsymbol{r}) = \psi_{\mathrm{init}}(\boldsymbol{r})\exp[\mathrm{i}\sigma V(\boldsymbol{r})] \approx \exp[\mathrm{i}\sigma V(\boldsymbol{r})] \tag{2-3}$$

又由于样品非常薄，$\sigma V(\boldsymbol{r})=1$，将式(2-2)泰勒展开后得到(忽略高阶项)：

$$\psi_{\mathrm{exitwave}}(\boldsymbol{r}) \approx \exp[\mathrm{i}\sigma V(\boldsymbol{r})] \approx 1 + \mathrm{i}\sigma V(\boldsymbol{r}) \tag{2-4}$$

电子从样品中出射，经过电磁透镜，由于透镜中存在像差，所以会将样品上的一个点拓展为圆盘，拓展为圆盘后的波函数 $\psi_{\mathrm{ext}}(\boldsymbol{r})$ 可以表达为

$$\psi_{\mathrm{ext}}(\boldsymbol{r}) = \psi_{\mathrm{exitwave}}(\boldsymbol{r}) \otimes t(\boldsymbol{r}) \tag{2-5}$$

式中：$t(\boldsymbol{r})$ 为点拓展函数。[66]透射电镜中符合阿贝成像原理，出射的电子波函数经过透镜抵达后焦面时相当于做一次傅里叶变换，从后焦面到像平面相当于再做一次傅里叶变换。理想透镜可以将样品的信息完全地传递到像平面上，但是由于物镜存在像差，所以成像系统存在传递函数 $t(\boldsymbol{r})$ 在傅里叶空间中的表达形式为

$$T(\boldsymbol{k}) = F[t(\boldsymbol{r})] \tag{2-6}$$

$$T(\boldsymbol{k}) = A(\boldsymbol{k})E_{\mathrm{s}}(\boldsymbol{k})E_{\mathrm{t}}(\boldsymbol{k})\exp[-\mathrm{i}\chi(\boldsymbol{k})] \tag{2-7}$$

式中：$A(\boldsymbol{k})$ 为光阑函数，在光阑内部时取 1，在光阑外部时取 0；$E_{\mathrm{s}}(\boldsymbol{k})$ 和 $E_{\mathrm{t}}(\boldsymbol{k})$ 分别为电子束的空间和时间包络函数，其表达式见文献[67]。其中 $\chi(\boldsymbol{k})$ 是由于物镜像差导致的，可以写为

$$\chi(\boldsymbol{k}) = \pi\Delta f\lambda\, \boldsymbol{k}^2 + \frac{\pi}{2}C_{\mathrm{s}}\lambda^3\, \boldsymbol{k}^4 \tag{2-8}$$

式中：Δf 为离焦量；C_{s} 为物镜球差；λ 是电子波长。定义 $\sin[-\chi(\boldsymbol{k})]$ 为衬度传递函数，只有在 $\sin[-\chi(\boldsymbol{k})]=\pm 1$ 的时候，才能在更宽的频率空间内反映样品的真实信息。满足最大衬度传递的欠焦值为谢策尔离焦，表达式为

$$\Delta f \approx -\sqrt{\frac{4}{3}C_{\mathrm{s}}\lambda} \tag{2-9}$$

当物镜球差系数为正时，衍射束相对于透射束有 $+\pi/2$ 的相移，式(2-4)中波函数写为

$$\psi_{\mathrm{exitwave}}(\boldsymbol{r}) \approx 1 - \sigma V(\boldsymbol{r}) \tag{2-10}$$

图像的强度为

$$I(\boldsymbol{r}) = \psi_{\text{exitwave}}(\boldsymbol{r})\psi^{*}_{\text{exitwave}}(\boldsymbol{r}) = 1 - 2\sigma V(\boldsymbol{r}) + [\sigma V(\boldsymbol{r})]^2 \tag{2-11}$$

当球差系数为负时，衍射束相对于透射束有 $-\pi/2$ 的相移，式(2-4)中波函数变为

$$\psi_{\text{exitwave}}(\boldsymbol{r}) \approx 1 + \sigma V(\boldsymbol{r}) \tag{2-12}$$

图像的强度为

$$I(\boldsymbol{r}) = \psi_{\text{exitwave}}(\boldsymbol{r})\psi^{*}_{\text{exitwave}}(\boldsymbol{r}) = 1 + 2\sigma V(\boldsymbol{r}) + [\sigma V(\boldsymbol{r})]^2 \tag{2-13}$$

从式(2-11)中可以看出，图像的背底平均强度为 1，有原子的位置图像强度为$[1-2\sigma V(\boldsymbol{r})]$，原子相对于背底为暗衬度(由于 $\sigma V(\boldsymbol{r})=1$，所以可以忽略$[\sigma V(\boldsymbol{r})]^2$ 项)。又由于二次项和一次项的符号相反，原子衬度相对于背底衬度减小。对于负球差成像而言，原子亮度相对于背底更亮，而且由于二次项和一次项符号相同，都起到增加原子衬度的作用，所以衬度更好。在本书的所有研究中，用到球差校正透射电镜成像的部分，均采用负球差校正成像技术。

2.3　扫描透射电镜的成像原理

如图 2.3 所示，扫描透射电子显微镜(scanning transmission electron microscopy, STEM)利用的是物镜前场中的小扫描线圈在样品上扫描，电子经过电磁透镜组后抵达样品，逐行逐列扫描样品，在有原子的地方发生高角散射，信号被环形探测器收集到，形成高角环形暗场像，未散射的电子或小角散射的电子被后置式电子能量损失谱仪收集，得到材料中的电子结构信息。高角环形暗场(high angle annular dark field, HAADF)像利用的是非相干的电子束成像，将电子束汇聚在样品上，原子始终呈现亮的衬度，不会出现衬度反转，而且这种成像手段对样品厚度和聚焦量不敏感，不会出现实验假象，对图像的解释比较直接，不需要结合计算机进行图像模拟。[68]

高能电子经过材料后，不同种类原子的微分散射截面大小和原子序数相关。HAADF-STEM 图像中不同亮暗衬度与原子序数的二次方成正比，可以直接利用原子柱的相对亮度信息来识别不同的元素，HAADF-STEM 图像中能够区别的不同元素最小的原子序数差为 3。

在专门的扫描透射电镜中，电子枪在电镜物理位置的下方，电子束由下而上传播。在传统的商业电镜中，光源在上方，为了实现 STEM 成像，电镜中的电磁透镜工作模式会发生转变。聚光镜的作用是不断地将光源产生的

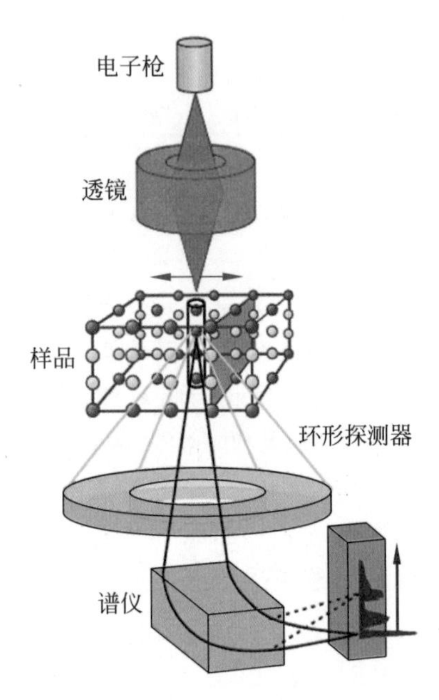

图 2.3　STEM 电镜的成像原理[61]

光斑缩小，物镜前场偏转线圈来实现扫描功能。在中间镜组后方有环形探测器，能够接收到高角散射的信号并且转换为对应的图像信号。由于 STEM 采集图像是逐点扫描，所以样品的漂移和电子束的稳定性对图像的质量有很大影响，在做图像的定量分析测量时，TEM 图像要优于 STEM 图像。

最早的 STEM 电镜分辨率受到限制，主要原因是电子枪的亮度不够，光斑无法汇聚到原子尺度，此外还不具备环形探测器来得到高角散射信号。环形探测器的内径尺寸对于 HAADF-STEM 图像采集至关重要，若内径尺寸过小，则会接收到过多相干的低阶衍射束，会有较多相干散射信号，原子的亮度就偏离了原子序数的平方关系，给图像的解释带来困难。适当地扩大内径，可以较好地得到由晶格原子热振动散射产生的高角电子以及其他高阶衍射信号。内径尺寸选择的一个简单标准是环形探测器的内径到样品的半张角 $\beta > 1.22\lambda/\Delta R$，$\Delta R$ 为分辨率。[69]内径决定了环形探测器能够接收到的最小布拉格角，而外径决定了环形探测器能够接收到的最大布拉格角。

外径也不是越大越好，有计算表明，高阶电子散射强度随着角度增大而迅速减小，信号越高阶，强度越弱，以至于没有收集的必要。一般环形探测器半张角的范围为100～120mrad。

在扫描透射电镜中，图像的强度可以表达为

$$I(\boldsymbol{r}) = \delta(\boldsymbol{r} - \boldsymbol{r}') \otimes P^2(\boldsymbol{r}) \tag{2-14}$$

式中：$\delta(\boldsymbol{r}-\boldsymbol{r}')$为样品势函数，仅在原子所在的位置上有值；$P^2(\boldsymbol{r})$为电子束斑强度函数，所以STEM图像的分辨率主要取决于电子束斑的尺寸，提高STEM图像分辨率的有效途径是减小电子束束斑直径。

在STEM中有两个分辨率的概念，一个是像分辨率：两个像点之间位置的强度为该像点亮度最高值的73.5%时，两个像点之间的距离就是像分辨率；一个是成分分辨率：电子束在探测一个原子列时，不会在旁边原子列上产生有可探测的散射强度时的分辨率。[70]

Scherzer提出，在非相干成像的条件下，当欠焦量为[60]

$$\Delta f = -(C_s\lambda)^{1/2} \tag{2-15}$$

且光阑半角α(光阑半角是光阑边缘与样品的连线和光轴之间的夹角)为

$$\alpha = (4\lambda/C_s)^{1/4} \tag{2-16}$$

可得到最小电子束斑，对应的分辨率为

$$d = 0.43{C_s}^{1/4}\lambda^{3/4} \tag{2-17}$$

电子束斑的强度取决于离焦量、球差系数和样品前光阑的尺寸。为了得到最合适的电子束斑，可以调节欠焦值和光阑大小。一般而言，小直径光阑和小欠焦会导致衍射效应增加，从而使电子束斑变大；大直径光阑和大欠焦会得到小的中心电子束斑，但是伴有晕环。当探测某一列原子柱时，晕环会探测到周围的原子柱的信息，导致成分分辨率下降。在某一聚光镜球差下优化的探针形状可以通过STEM图像模拟软件得到，通过输入球差值、欠焦值等参数，可以模拟出束斑的形状。由于图像的分辨率和束斑直径相关，在实验中，通过观察图像的质量，来调节光阑直径和欠焦条件，能够得到较好的分辨率，即得到较好的束斑尺寸。

在采集HAADF像的同时，还可以得到明场(bright field, BF)像，只需要用另外一个探测器同步采集相干散射的电子信号即可。与透射电镜成像类似，如果想得到较好的相干散射明场像，样品厚度也不能太厚。在BF像中，原子显示暗的衬度，这是因为入射电子在靠近原子位置时，容易发生高角散射，所以在原子位置显示为暗衬度。通过原子间隙的电子，由于未发生大角散射，能够被明场像探头接收到，显示亮衬度。如果用电镜中的挡针将明场像亮斑的中心挡住，就得到了环形明场(angular bright field, ABF)像。环形明场像的收集角较小(10～20mrad)，去掉了束斑中心未发生散射的电子信号，该图像对轻元素非常敏感，可用于研究 Li^+ 相关的材料问题。

在进行扫描透射电镜实验时，除了利用高角环形探测器接收 HAADF 的信号以外，还可以利用中心的电子束来探测电子能量损失谱信号，这样就能在一次实验中，实现晶体结构和电子结构的协同测量。

2.4　电子能量损失谱

2.4.1　电子能量损失谱的基本原理

电子能量损失谱(electron energy loss spectroscopy, EELS)可以大致分为三部分：零损失峰(zero loss peak, ZLP)，低能损失峰(low loss peak)和芯损失峰(core loss peak)。零损失峰的信号来自于未发生散射或仅发生弹性散射的电子，该部分信号中的有效信息不多。在实验中，通过测量零损失峰的半高宽(full width at half maximum, FWHM)，可以得到该能量损失谱仪的能量分辨率。低能损失峰包含材料中的等离子振荡和晶体中带间跃迁的信息。等离子振荡为材料中电子的整体行为，尤其是在金属材料中。电子构成了自由电子气，入射电子会对这些电子产生扰动，从而激发材料整体的等离子振荡，该振荡来源于材料中较大的样品范围，空间分辨率低。材料中的电子处在材料不同的能带中，在利用电子能量损失谱测量材料带隙的实验中，对低能损失峰进行一阶求导，第一个峰值的位置就对应了材料的带隙值。[71]芯损失峰是本书重点研究的对象，因为该信号主要来源于材料内壳层，包含了材料的内部能级、晶体场等信息。在电离损失峰以上 50eV 能量范围内称为电子能量损失谱的近边精细结构(energy loss near edge structure, ELNES)，包含了该元素的能带信息。50～300eV 的范围被称为广延精细结构(extended energy loss fine structure, EXELFS)，包含了被激发离子近邻原子配位等信息。

在过渡族材料体系中，人们主要关注 L 电离损失峰，L_1 为 $2s$ 轨道向 p 轨道跃迁，L_2 为 $2p_{1/2}$ 轨道向 $3d$ 轨道跃迁，L_3 为 $2p_{3/2}$ 轨道向 $3d$ 轨道跃迁，由于过渡族材料 $3d$ 轨道存在较高的空态态密度，所以电子跃迁后，会在 EELS 谱峰上留下两条白色亮线，称为白线，即对应着 L_3 和 L_2 峰。

通常，透射电镜中的 EELS 配件为后置式，如图 2.4 所示，在荧光屏的下方。按照和 TEM 成像模式耦合的不同，可以分为像模式和衍射模式。

若在观察屏上得到像，则在谱仪入口光阑处为衍射，称为衍射耦合模式；若在观察屏上得到衍射斑，则在谱仪入口光阑处为图像，称为像耦合模式。

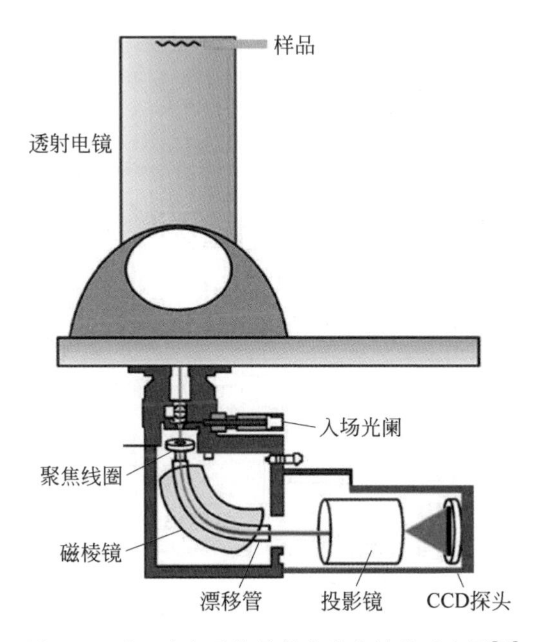

图 2.4　后置式电子能量损失谱仪结构示意图[64]

EELS 谱的能量分辨率不仅仅取决于谱仪本身的分辨率，还受到入场光阑尺寸、是否具有单色器等限制，所以评价电镜的分辨率时，是综合考虑各种因素后得到的系统整体的分辨率。目前带有单色器的透射电镜，其 EELS 分辨率可以达到 0.1eV，普通的商业 TEM 的能量分辨率在 1eV 左右，世界上最好的透射电镜，能量分辨率可以达到 8meV。EELS 谱的收集时间短，信号较强，对轻元素敏感，而且包含信息量大。缺点是样品不能太厚，否则复散射太严重，信号噪声大，探测等离子谱峰时，离域效应明显，空间分辨率低。

现代实验手段中，通常将 STEM 技术和 EELS 技术连用，从而在得到图像的同时，也能够探测元素的电子结构。但是在进行 EELS 线扫描和面扫描的实验中，样品的污染以及漂移等现象需要避免。

2.4.2　EELS 谱的应用

1. 厚度测量

EELS 谱来测量样品的厚度，电子束的总强度 I 和零损失峰强度 I_0 之间满足如下关系式[72]

$$\frac{I_0}{I} = \exp\left(-\frac{t}{\lambda}\right) \tag{2-18}$$

式中：λ 为非弹性散射自由程，t 为样品厚度，所以样品厚度 t 的计算公式为

$$t = \lambda \ln\left(\frac{I}{I_0}\right) \tag{2-19}$$

非弹性散射自由程 λ 的计算公式如下：

$$\lambda = \frac{106F(E_0\ /E_m)}{\ln(2\beta E_0\ /E_m)} \tag{2-20}$$

式中：E_0 为入射电子能量(单位：keV)；β 为光阑收集半角(单位：mrad)；F 为相对论因子；E_m 为平均能量损失(单位：eV)。其计算公式如下：

$$F = \frac{1+E_0/1022}{(1+E_0/511)^2} \tag{2-21}$$

$$E_m = 7.6Z^{0.36} \tag{2-22}$$

式中：Z 为平均原子序数，即各组成元素的加权平均值：

$$Z = \frac{\sum_i f_i z_i^{1.3}}{\sum_i f_i z_i^{0.3}} \tag{2-23}$$

将式(2-16)～式(2-20)联立，就可以求得样品的厚度。现在这些计算过程已经很好地集成在了软件中，只需要简单输入一些参数，比如样品组成元素、电压等，就可以自动计算样品的厚度。通过 STEM-EELS 面扫的技术，可以得到整个二维样品区域内的厚度分布。

2. 样品组分测量

EELS 谱还可以用于样品组分的测量。在实际应用当中，不可能知道某元素的总的电离损失峰强度，电离损失峰的强度 $I_K(\Delta,\beta)$ 可以近似表达为

$$I_K(\Delta,\beta) = N_K\sigma_K(\Delta,\beta)I \tag{2-24}$$

式中：Δ 为测定的能量范围；β 为测定的角度；N_K 为单位面积上 K 元素的原子个数；I 为电镜总的电流强度；$\sigma_K(\Delta,\beta)$ 为 K 元素散射截面。对于任意两种元素 K 和 J，其相对元素计量比为

$$\frac{C_K}{C_J} = \frac{N_K}{N_J} = \frac{\sigma_J(\Delta,\beta)I_K(\Delta,\beta)}{\sigma_K(\Delta,\beta)I_J(\Delta,\beta)} \tag{2-25}$$

元素散射截面可以用第一性原理来计算，现在已经形成了一个较为完整的数据库。

3. 元素价态测量

对于可变价的过渡族金属而言，其在化合物中的价态往往决定了材料的性质，所以确定元素在化合物中的价态就显得尤为重要。利用芯损失谱，可以较好地确定元素价态。

变价元素的不同价态会导致不同的化学位移。对于离子晶体而言，阳离子损失了一个电子，原子核对核外电子的吸引能力变强，电子发生跃迁就需要更高的能量。比如 Mn^{4+} 相对于 Mn^{3+} 多损失了一个电子，电子轨道能量更低。反映在电子能量损失谱上，Mn^{4+} 对 L 电子的束缚能力更强，L 边的峰位在能量损失谱中向高能量端位移。将得到的电子能量损失谱与同时采集的零损失峰校准后，可以发现相同元素的不同价态均对应峰位的移动，即化学位移。在共价键晶体中，由于没有明显的电子得失，几乎观察不到化学位移。

此外，可以利用白线比来确定元素的价态。L_2 峰和 L_3 峰之间的相对高低或积分面积比，与 $3d$ 壳层的占据态相关。大量的 EELS 结果表明，通过 L_3 峰和 L_2 峰的面积比，即 L_3/L_2 的值，可以得到离子的价态。对于 Mn 元素而言，L_3/L_2 的值越大，Mn 元素的价态就越低。

2.5　X 射线能谱

电子束穿过样品时，还会激发 X 射线，通过探测材料中的 X 射线，可以定量获取材料的组分信息。X 射线能谱仪（energy dispersive spectroscopy, EDS）已经成为现代透射电镜中的标准配件之一，随着技术的发展，能谱仪现在已变为无 Be 窗口，能够接收更微量的信息以及探测更轻的元素。与 EELS 技术相比，EDS 的实验手段简单，缺点是收集时间较长，能量分辨率低（通常为 130eV 左右的能量分辨率），探测轻元素效率低。

2.6　电子的磁手性二向色性技术

在透射电子显微镜中获得纳米尺度上的材料磁参数一直以来是一个挑战。2006 年，Schattschneider 等人发明了电子的磁手性二向色性（energy-loss magnetic chiral dichroism，EMCD)技术。首次在透射电子显微镜中，实现了在双束衍射几何下对单质 Fe 磁手性二向色性信号的测量。[73]类似于 X 射线中的 XMCD(X-ray magnetic circular dichroism)技术，电子与物质相互作用的动量转移在形式上对应于 X 射线的偏振矢量。[74]用光阑在衍射平面上选择特定的位置，使其对应的动量变化分别为 $\boldsymbol{q}+\mathrm{i}\boldsymbol{q}'$ 和 $\boldsymbol{q}-\mathrm{i}\boldsymbol{q}'$，如图 2.5(a)所示，此时正负位置的 EELS 信号就等价于 XMCD 技术中的左旋圆偏振和右旋圆偏振光产生的信号，二者相减即为 EMCD 信号，如图 2.5(b)所示，反映了材料磁性的信息。

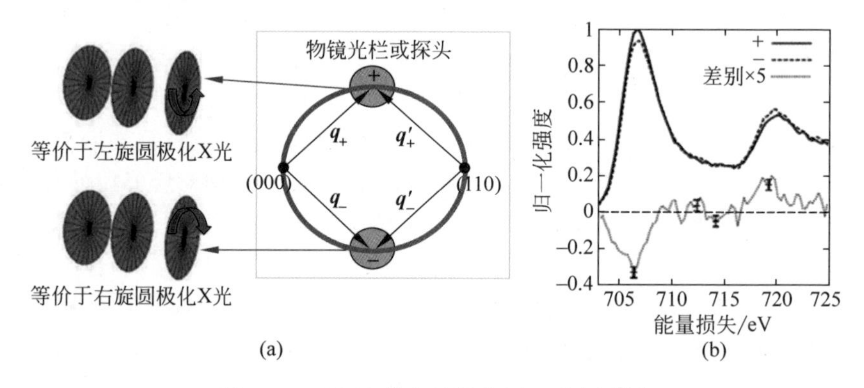

图 2.5 EMCD 技术的基本原理示意图[73]

(a) XMCD 左右圆偏振光与 EMCD 双束衍射几何中正负位置的对照，衍射几何为(110)面强激发的双束条件；(b) 单质 Fe 的 EMCD 信号实验结果，+和−表示从对称位置获得的 EELS 谱

相比基于同步辐射源的 XMCD 技术，EMCD 技术不仅具有 XMCD 的元素分辨、轨道自旋磁矩分辨等特点，其高空间分辨和与 TEM 其他先进分析表征手段相结合的优势，使得 EMCD 技术在磁性金属[75-77]、铁氧体[78]、稀磁半导体[79]、多铁性材料[80]等研究中展现出了巨大的应用前景。

此外，在过去的十年中，EMCD 技术在理论和实验方面也取得了很多新的突破。理论方面，建立了衍射动力学效应与 EMCD 技术的定量关系，为利用衍射条件调控 EMCD 信号提供了指导[81]；提出了加和定则，能够从 EMCD 信号中提取出定量的磁参数；发展了模拟 EMCD 信号计算软件[82, 83]。实验方面，基于双束或三束的衍射几何，人们设计出了不同的采谱方式来获得 EMCD 信号，进而提高了空间分辨率或信噪比。[84]

本研究组在过去的几年中，也在促进 EMCD 技术的发展和完善方面做出了一定的贡献。[85, 86] 2013 年，在 EMCD 技术的基础上，将电子衍射中的动力学效应与 EMCD 技术相结合，发展了占位分辨 EMCD 技术。通过调节入射条件和出射条件，选择性地增强反尖晶石结构 $NiFe_2O_4$ 中四面体或八面体占位的 Fe 原子，结合详细的衍射动力学计算，最终实现了同种元素不同晶体学占位的磁结构分辨，首次在复杂氧化物中得到了丰富的磁参数信息，如图 2.6 所示。这也是目前广泛使用的 XMCD 技术所不能做到的。

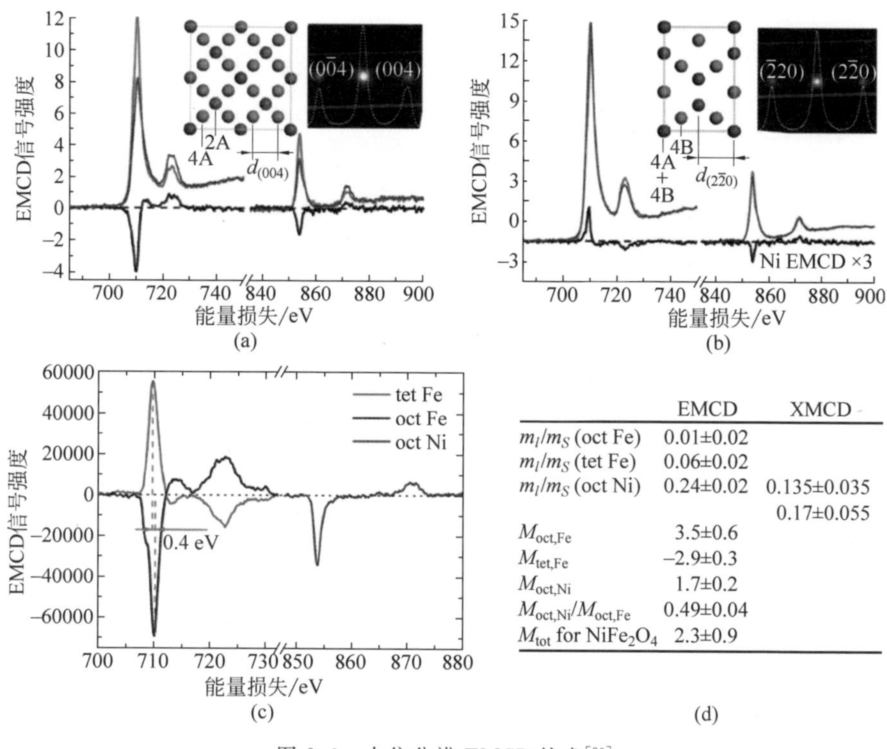

	EMCD	XMCD
m_l/m_S (oct Fe)	0.01±0.02	
m_l/m_S (tet Fe)	0.06±0.02	
m_l/m_S (oct Ni)	0.24±0.02	0.135±0.035
		0.17±0.055
$M_{oct,Fe}$	3.5±0.6	
$M_{tet,Fe}$	−2.9±0.3	
$M_{oct,Ni}$	1.7±0.2	
$M_{oct,Ni}/M_{oct,Fe}$	0.49±0.04	
M_{tot} for $NiFe_2O_4$	2.3±0.9	

图 2.6　占位分辨 EMCD 技术[80]

(a) $NiFe_2O_4$ 中(004)三束条件下八面体(oct)Fe 增强时，Fe 和 Ni 的 EMCD 信号；(b) $(2\bar{2}0)$ 三束条件下四面体(tet)Fe 增强时，Fe 和 Ni 的 EMCD 信号；(c) 四面体 Fe，八面体 Fe 和八面体 Ni 本征的 EMCD 信号；(d) EMCD 技术获得的 $NiFe_2O_4$ 中的磁参数，以及与 XMCD 结果的对比

在此基础上,又在衍射几何的不对称性、寻找衍射条件的一般方法方面进行了完善,建立了一套 EMCD 技术定量磁参数测量的一般方法。在 EMCD 技术的发展方面,将双束和三束的衍射几何推广到了正带轴条件,使其与透射电镜中其他的分析表征技术具有更好的兼容性。此外,EMCD 技术从发展到现在都只能实现平行于电子束方向磁信号的探测,这也是 EMCD 技术的局限性之一。本研究组发展了面内 EMCD 技术,从理论和实验角度验证了 EMCD 技术实现面内磁性测量的可能性,为实现 EMCD 技术三维尺度磁性测量提供了可能。

第3章　$YMnO_3$中非对称的二次电子产额

3.1　简　　介

扫描电子显微镜(scanning electron microscopy, SEM)利用的是二次电子成像,该方法制样简单,对材料表面信息敏感,但是空间分辨率不太高,用来研究材料的畴结构比较合适。首先利用扫描电子显微镜中二次电子成像模式观察了六方锰氧化物 $YMnO_3$ 的极性(001)表面。减慢电子束的扫描速度,可以使样品表面积累负电。观察到材料表面不同极化畴区的相对亮暗衬度与常规的铁电材料相反:亮衬度区对应铁电极化向下,暗衬度区对应铁电极化向上。其次在表面带负电的情况下,通过自制的法拉第杯测量不同极化方向的铁电畴区内的二次电子发射产额,发现极化向下的区域发射的二次电子明显多于极化向上的畴区,这是由材料本身铁电极化位移产生的非对称性导致的。通过本书的研究,了解到在 SEM 中材料不同畴的亮暗衬度是与材料表面的荷电状态相关的,并可以通过调节不同畴区所占比例,实现材料不同的二次电子产额,有利于材料的器件化应用。

3.2　背景介绍

六方锰氧化物($RMnO_3$, R=Y, Sc, Ho-Lu)是一类重要的单相多铁材料,具有铁电和反铁磁耦合的特性。[32] $YMnO_3$ 是六方锰氧化物材料的典型代表。从高温到低温,$YMnO_3$ 经历两次相变,一次是结构相变(K_3 对称性,约 1300K),一次是铁电相变(Γ_2^- 对称性,约 900K)。[87] 在铁电相变温度时,$YMnO_3$ 中 A 位离子产生不对称的铁电位移极化,导致了空间对称性破缺。由于其拓扑保护特性,该类材料中 180°头对头或尾对尾的畴壁可以稳定存在。[41] 晶体结构的不对称会产生很多特性的不对称,在不同的铁电畴内,其电荷载流子的激发(excitation)、复合(recombination)以及散射(scattering)均是不对称的[88],不同畴区的光伏效应也是和铁电极化方向密切相关的[89]。

扫描电子显微镜作为一种简单易得的材料研究方法已经得到了广泛应用,它具有景深大,分辨率高,对材料无损等诸多优点。[90]目前已经有许多研究组利用低压 SEM 对铁电材料的电畴结构进行表征,低压电镜探测深度浅,对材料的表面信息更敏感。在低电压下,配合较快的电子束扫描速率,使材料表面带正电。[91]在快速的电子束扫描下,电子束在每个样品点上少许停留,电子枪给予的电子能够很快地在样品上弛豫,此外,电子源会激发出样品中各种类型的电子,材料表面相当于损失了电子,所以在电子束快扫的情况下样品表面带正电。出射的二次电子往往具有比较小的出射动能,所以扫描电镜中的二次电子探头都需要加负偏压,来增加接收到的二次电子数目。如若样品表面带有正电荷,则对出射样品表面之后在真空中飞行的电子会产生吸引作用,导致二次电子探头接收到的二次电子减少。若样品表面不带电,则二次电子探头能够接收到来自样品的本征的二次电子。如果样品表面带负电,仅会轻微影响电子出射时的功函数,不会影响二次电子探头接收到的信号,也可以得到来自样品的本征二次电子信号。[88]除了材料表面的静电势以外,影响材料二次电子发射产额的还有热电势。如图 3.1 所示,左边的畴具有向上的铁电极化方向,样品的表面会有束缚的正电荷,周围环境中带负电的物质会吸附在样品外表面,来屏蔽此电场,整体显示电中性,这个过程称为熟化(aging)。图 3.1 的右侧是具有极化方向向下的铁电畴,材料表面有束缚的负电荷,空气中带正电的电荷会吸附在外表面,从而使整体显示电中性。在扫描电镜中,高能电子除了在样品中产生各类电子以外,还有相当一部分的能量用来产生热量,在相对较长的时间内,样品表面被加热,铁电材料中的铁电极化值会相应变小。由铁电极化导致的束缚电荷也随之变小,但是样品表面吸附的电荷比较牢固,几乎不发生改变,所以极化向上的畴的电势会有所降低。与此同理,极化向下的畴的表面电势会有所升高。扫描电镜样品的表面电势是静电势和热电势的叠加,如图 3.2 所示,在快速扫描的低压扫描电镜中,样品表面整体带正电,随着电子束的继续辐照,样品表面的温度有所升高,不同极化方向的铁电畴的表面热电势会有不同程度的增减,从而造成不同铁电畴的二次电子产额不同。通常情况下,极化垂直纸面向外的铁电畴衬度比较亮,铁电方向垂直纸面向内的铁电畴比较暗,因为极化向下的铁电畴具有更高的总电势,能够更多地阻碍二次电子的离开。在铁电材料中,比如 $LiTaO_3$, $KTiOPO_4$ 等,极化向上的铁电畴显示亮衬度,极化向下的铁电畴显示暗衬度。[92, 93] Rosenman 等人[88]指出,在 $KTiOPO_4$ 铁电晶体中,不同极化方向的铁电畴区亮度不同,主要是因为互为180°畴的区域中具有非对称的二次电子发射额，但是文中并未指出具体的区别是多少。Li等人[56]通过低压SEM观察了六方多铁锰氧化物 $YMnO_3$ 中两种不同极化方向的铁电畴，并且指出亮衬度为极化向上畴区，暗衬度为极化向下畴区，此结论和前文所述相同。

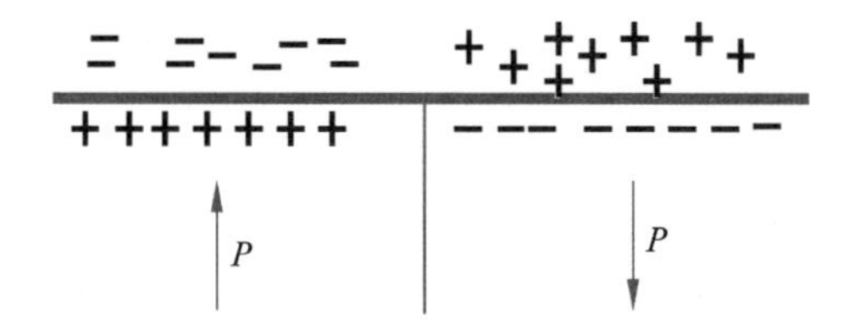

图3.1　不同极化方向的铁电畴表面带电情况

图中粗横线表示样品表面，竖线表示铁电畴壁，“+”“-”号表示电荷的带电性，样品表面上方的电荷表示吸附电荷，表面下方的电荷是由于铁电极化导致材料内部自由载流子迁移到样品表面处的电荷

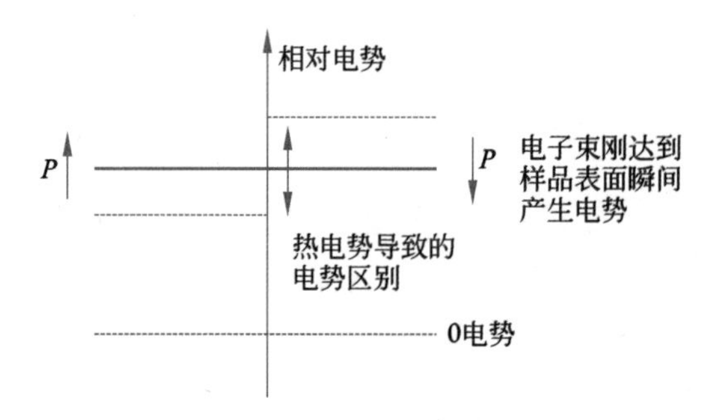

图3.2　表面带正电情况下多铁材料的热电势、静电势的相对关系

但是如果通过改变实验条件，使得 $YMnO_3$ 表面带负电，能否使得不同畴区的相对亮暗衬度翻转，据此测出不同铁电极化区域的本征二次电子产额？为了解答这个问题，可以尝试利用慢速扫描的低压扫描电镜照射 $YMnO_3$ 单晶的表面。本章中的实验部分采用的 $YMnO_3$ 材料均为助熔剂法生长的单晶材料[56,94]，具有典型的涡旋结构等拓扑缺陷态。材料沿着[001]轴生长，为薄片状结构。样品的SEM表征以及二次电子发射量的测量采用的是Zeiss公司的Merlin扫描电子显微镜，FIB样品的制备是利用Zeiss公司的Auriga双束系统。压电力显微镜(PFM)表征使用的是Asylum Research MFD 3D。本章中的实验也采用SEM的低压模式，全部在1kV下进行。

3.3 实验与计算

3.3.1 扫描电镜实验

铁电材料中不同的极化方向在酸中被溶解的速率不同,溶解速度具有方向选择性,极化垂直纸面向外的畴溶解速率更快。将助熔剂法生长的$YMnO_3$材料表面抛光,然后在130℃磷酸中腐蚀30min,可以得到表面高低起伏的样品,从而可以判断不同畴区的铁电极化方向。图3.3(a)是利用SEM观察垂直于c轴平面的畴结构,可以观察到在涡旋核心周围不同畴区具有明显不同的亮暗衬度。这里采用的行扫描时间为$\tau_L=1.6\times10^{-2}$ s,每行有1024个像素点,所以电子束在每点的停留时间为$\tau_a=1.58\times10^{-5}$ s。电子束中电子在样品表面的麦克斯韦弛豫时间为$\tau_m=1.87\times10^{-7}$ s ($\tau_m=\varepsilon\varepsilon_0/\sigma$,式中:$\sigma$为样品电导率;$\varepsilon$为相对介电常数。对于$YMnO_3$,$\sigma=9.47\times10^{-6}$ S/cm,$\varepsilon=20$)[95],所以$\tau_a\gg\tau_m$。入射到样品表面的电子来不及弛豫,从而导致样品表面积累负电荷。图3.3(c)为压电力显微镜在相同的地方得到的压电性能的相位衬度像,不同的颜色代表不同极化方向的铁电畴,相位差别为180°。图3.3(b)为图(a)中红线所示位置亮度轮廓,图3.3(d)为图(c)中红线所示位置高度轮廓。对比SEM图和PFM图,可以发现SEM图中不同亮暗衬度代表不同的铁电畴区:在二次电子像中亮的区域对应极化垂直纸面向内的区域;同理二次电子像中暗的区域对应着垂直纸面向外的区域,这和传统的铁电材料在扫描电镜中的二次电子衬度正好相反,也就是说如果材料表面带负电,不同畴区表面也会产生不同的衬度。在图3.3(d)中测量磷酸的腐蚀深度为43nm,腐蚀速率约为1nm/min,和文献中报道的腐蚀速率基本一致。[96]

SEM的二次电子图像衬度取决于材料两方面因素[93]:①本征因素,两种不同极化方向铁电畴的本征二次电子产额的不同;②非本征因素,热电效应引入的热电势(用U_p表示)和电荷积累产生的电势(用U_C表示)的影响。此前人们认为,在低压扫描电镜中,材料表面带正电,铁电材料中衬度不同是由于不同极化畴区的热电势不同导致,即属于非本征因素。当样品表面积累负电荷时,热电势的高低区别对二次电子的产额影响很小。由此,$YMnO_3$不同畴区在SEM中的衬度不同主要受本征因素影响,即不同极化方向铁电畴二次电子产额的非对称性造成了衬度的差异。

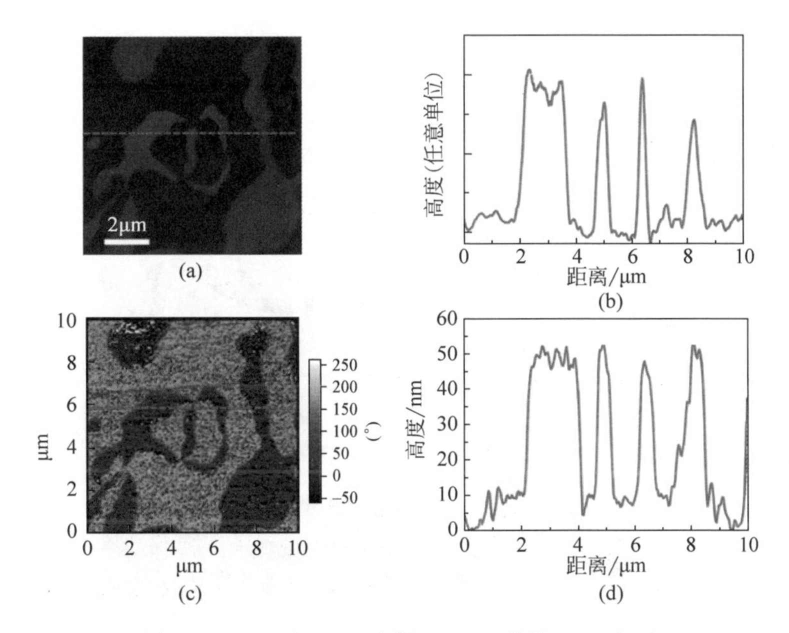

图 3.3　SEM 和 PFM 表征 $YMnO_3$ 单晶(001)表面

(a) 1kV 加速电压下的 SEM 照片；(b) 展示了图(a)中红色虚线位置亮度分布；(c) PFM 的相位衬度图；(d) 展示了图(c)中的高度分布

为了得到不同畴区的二次电子发射数值，可以利用自制的在 SEM 中使用的法拉第杯来测量，如图 3.4(a)所示。电子进入法拉第杯后即无法逃逸出去，有以下关系成立[97]：

$$I_b = I_{SE} + I_{BSE} + i = (\delta + \eta) I_b + i \tag{3-1}$$

式中：I_b 为电子枪发射电流；I_{SE}为样品发射的二次电子产额($I_{SE}=\delta I_b$，δ 为样品的二次电子发射率)；I_{BSE}为背散射电子产额($I_{BSE}=\gamma I_b$，γ 为背散射电子发射率)；i 为透过样品进入法拉第杯、最后被样品台探测到的电流，即漏电流，在这里忽略了其他方式造成的少量的电子损失。

在已知入射电流的情况下，通过测量到达扫描电镜底座的电流大小 i 即可确定材料中电子的发射情况，定义 ξ 为二次电子发射系数和背散射电子系数和：

$$\xi = \delta + \eta = \frac{I_b - i}{I_b} \tag{3-2}$$

为保证在沿着电子束方向只采集到同一极化方向的铁电畴二次电子发射信号，而且测试样品表面尽可能平直，这里采用聚焦离子束的办法制备平行于表面的样品(即垂直于 c 轴的平面的样品)利用低压 Ga 离子束反复地修剪,最终样品厚度约为 80nm。六方锰氧化物中的铁电畴是三维曲面分布的[98](如图 3.4(b)所示),畴大小在微米量级。图 3.4(c)显示了选择在 FIB 中制样的区域的原始畴形貌,包括极化向上和极化向下的铁电畴,样品表面凹凸不平为磷酸腐蚀的结果,可以看出不同畴区对应的铁电极化方向。

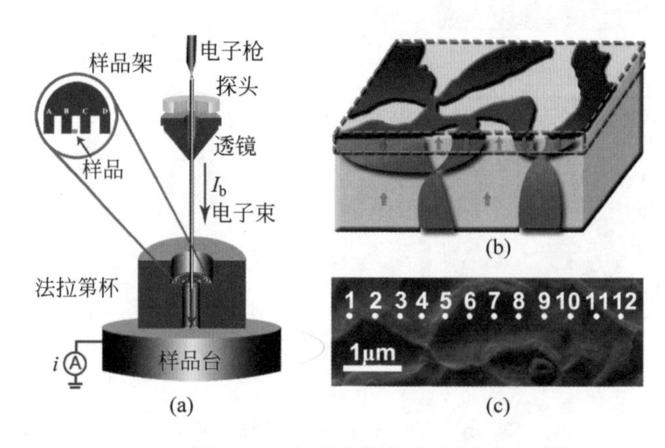

图 3.4　测试二次电子产额的实验原理示意图

(a) 实验原理示意图,I_b代表入射束的电流,i 代表漏电流,即 SEM 样品台探测到的电流;(b) 铁电畴的三维分布示意图;(c) 利用 FIB 制备的样品来探测二次电流,白色点代表测试二次电流的位置

测量时,首先将电子束不经过样品直接通过法拉第杯,测量电子束入射电流 I_b,电子束没有与样品之间发生相互作用,因此被电位计探测到的电流即为电子枪发射的电子束电流大小(入射电流 $I_b=-227.1$pA)。图 3.4(c)中 12 个红色点代表 12 个选择测量二次电子产额的位置,从左到右分别对应着表 3.1 中序号 1～12 的测量结果。不同极化方向的铁电畴中以及畴壁位置都进行了测量。由于 FIB 制备的样品一般为楔形样品,选择距离长边相同的位置来采集信号,是为了确保采集的区域样品厚度一致。[99]背散射信号仅与样品的材质和厚度有关,此时 1～12 区的背散射电子产额相同,能够定量比较不同畴区的二次电子产额。为了区分不同极化方向铁电畴的二次电子产额,需要使图像采集区域全部在单一畴中,这就需要较大的放大倍数,较大的倍数会造成样品表面荷电和积碳的速度明显加快。实验中,首先在低倍下寻找感兴趣的区域,快速聚焦,调节图像,然后停止电子束照射,迅速提高放大倍数,再打开电子束,该方法有效地避免了这两种因素对于本征二次电子发射信号的干扰,测量结果见表 3.1。

表 3.1 二次电子发射的测量结果

序号	I_b/pA	i/pA	ξ	平均值	位置
2	−227.1±0.8	−1.8±0.5	0.99±0.004	0.99+0.01	向下极化区
5		−2.0±2.5	0.99±0.01		
6		−0.2±2.0	1.00±0.01		
11		−2.2±3.2	0.99±0.01		
4	−227.1±0.8	−25.6±9.8	0.89±0.04	0.87+0.04	向上极化区
8		−27.5±10.4	0.88±0.05		
9		−32.6±0.1	0.85±0.001		
10		−28.0±9.2	0.87±0.04		
12		−32.3±11.8	0.86±0.05		
1	−227.1±0.8	−7.1±2.4	0.97±0.01	—	过渡区
3		−8.4±1.8	0.96±0.01		
7		−5.1±3.2	0.98±0.01		

实验结果表明，在入射电流为−227.1pA时，样品不同区域的电流值有明显的差别：在铁电极化向上的区域，漏电流值 i 约为−30pA；在铁电极化向下的区域，漏电流值 i 约为−1pA。在同时包含两种极化方向的区域中，漏电流值为−30～−1pA。因此，计算得到极化垂直纸面向内的铁电畴的 ξ 值为0.99±0.01，极化垂直纸面向外的铁电畴的 ξ 值为0.87±0.04。本工作利用FIB制备 $YMnO_3$ 单晶样品，选择测量的位置厚度近似相等，所以两种铁电极化畴区的背散射电子数量相等。将不同畴区获得的电子产额 ξ 相减，得到极化向下的铁电畴二次电子产额大于极化向上的铁电畴，这是两种铁电畴在SEM下表现出不同亮暗衬度的本征原因。

3.3.2 扫描电镜中样品表面电势的计算

此外，还可以通过理论计算来说明 $YMnO_3$ 的二次电子产额的问题。实验中使用的条件为加速电压HT=1kV，入射电流 $I_b=-227.1$pA。$YMnO_3$ 材料的电导率为 9.47×10^{-6}S/cm，材料密度为5.14g/cm³，介电常数为20。

在扫描电镜中观察到的图像衬度主要受到：①材料本征的二次电子产

额；②样品的静电势U的影响。铁电材料也是热电材料，其表面的静电势是热电效应(U_{pyro})和电荷积累(U_C)共同作用的结果，表达式为[92, 93]

$$U = U_{pyro} + U_C \tag{3-3}$$

1. 热电势U_{pyro}的计算

热电势U_{pyro}的计算公式为

$$U_{pyro} = \frac{\gamma \Delta T h}{\varepsilon\varepsilon_0} \tag{3-4}$$

式中：γ为热电系数；h为入射深度；ΔT为温度增量；ε为介电常数；ε_0为真空介电常数。入射深度的计算可以基于 Kanaya-Okayama 模型，表达式为[92, 93]

$$h = \frac{0.0276AE_{pr}^{1.67}}{Z^{0.89}d} \tag{3-5}$$

式中：A为相对分子质量；d为样品密度；E_{pr}为加速电压；Z为有效原子序数，表达式为

$$Z_{eff} = \frac{\sum_i f_i Z_i^{1.3}}{\sum_i f_i Z_i^{0.3}} \tag{3-6}$$

式中：f_i为原子序数为Z_i的元素所占原子百分数。综合式(3-5)、式(3-6)可以计算得到入射电子束在样品中的穿透深度为71nm。

式(3-4)中ΔT的计算公式为

$$\Delta T = \frac{I_b E_{pr} t_a}{4.186\pi a^2 hdc} \tag{3-7}$$

式中：I_b为入射电流；t_a为电子束辐照时间；a为电子束影响半径；c为比热容，取值为0.174cal/(g·℃)。t_a的值与实验条件有关，实验中拍摄一张图片需要的时间为12.6s，拍摄图片的尺寸为1024×768个像素，所以拍摄每行所需要的时间：

$$t_L = \frac{12.6}{768} = 0.0164(\text{s}) \tag{3-8}$$

所以t_a可以表达为

$$t_a = \frac{t_L 2R}{L} = \frac{0.0164 \times 2 \times 1.4 \times 10^{-9}}{29.129 \times 10^{-6}} = 1.5764 \times 10^{-6}(\text{s}) \tag{3-9}$$

式中：L为样品的宽度；R为电子束束斑半径；综合式(3-7)、式(3-8)、式(3-9)，计算得到ΔT(温度升高)为1.508℃。综合式(3-5)～式(3-9)，可以计算得U_{pyro}=42.39mV。

2. 电荷积累电势 U_C 的计算

电荷积累电势 U_C 的表达式为

$$U_C = \frac{1}{4\pi\varepsilon\varepsilon_0}\oint\frac{\rho_{in}}{r}\mathrm{d}r \tag{3-10}$$

式中：ρ_{in} 为电荷密度，表达式为

$$\rho_{in} = \frac{I_b t_a}{\pi a^2 h}(\delta - 1) \quad (\delta < 1) \tag{3-11}$$

式中：I_b 为入射电流；t_a 为电子束辐照时间；a 为电子束影响半径；δ 为二次电子发射率。将相应的数值代入，可以计算得

$$\rho_{in} = 5645.949(\delta - 1)(\mathrm{C/m^3}) \tag{3-12}$$

式(3-10)经过一系列简化，可以得到

$$U_C = \frac{\rho_{in}}{4\varepsilon\varepsilon_0}\left[h\sqrt{h^2 + a^2} + a^2\ln\left(\frac{h + \sqrt{h^2 + a^2}}{R}\right) - h^2\right] \tag{3-13}$$

式中：h 为电子束入射深度。综合式(3-9)～式(3-12)可以求得

$$U_C = 528.58(\delta - 1) \tag{3-14}$$

综合计算得到的热电势和电荷积累电势，对于极化向上的畴的总电势计算结果为

$$\begin{aligned} U_{C^+} &= -U_{pyro} + U_C \\ &= -42.3858 + 528.580(\delta - 1) \\ &= (528.580\delta - 570.9658)(\mathrm{mV}) \end{aligned} \tag{3-15}$$

对于极化向下的畴的总电势计算结果为

$$\begin{aligned} U_{C^-} &= U_{pyro} + U_C \\ &= 42.3858 + 528.580(\delta - 1) \\ &= (528.580\delta - 486.1942)(\mathrm{mV}) \end{aligned} \tag{3-16}$$

如前文分析，在实验条件中，无论极化向上还是极化向下的畴，其表面均为负电势，所以 U_{C^+} 和 U_{C^-} 均小于零，求得材料中的二次电子产额 δ 小于 0.92，和实验测量的结果非常接近。

综合表面电势和本征二次电子产额的共同作用，可以对之前 SEM 中观察到的现象进行解释：在慢速电子束辐照下，当样品达到稳态时，极化向上的铁电畴表面电势较极化向下的铁电畴低，即积累的负电荷更多，入射电子束的能量也降低更多。而且其二次电子产额小于极化向下的畴，因此，极化向上的区域表现为暗，极化向下的铁电畴表现为亮。然而，当样品表面积

累正电荷时，表面正电势会抑制本征的二次电子产额，畴的亮暗衬度主要受到非本征因素热电势的影响，所以显示为极化向上铁电畴亮，极化向下铁电畴暗。

在利用 SEM 对畴结构进行观察时，还发现了铁电畴在电子束的辐照下进行翻转的现象(如图 3.5 所示)，这是由样品表面积累电荷导致的。当慢扫描的电子束入射到样品表面，会在样品上方注入电子，从而在材料表面产生向上的静电场。当此外场大于材料矫顽场时，会导致极化向下的铁电畴翻转。由于六方锰氧化物的铁电畴在三维空间是非均匀分布的，若畴在沿着 c 轴方向很窄，表面电势在局部空间产生的场强有可能产生超过 $YMnO_3$ 矫顽场，原本极化向下的铁电畴就会被电场反转，从而表现为黑色区域增大。

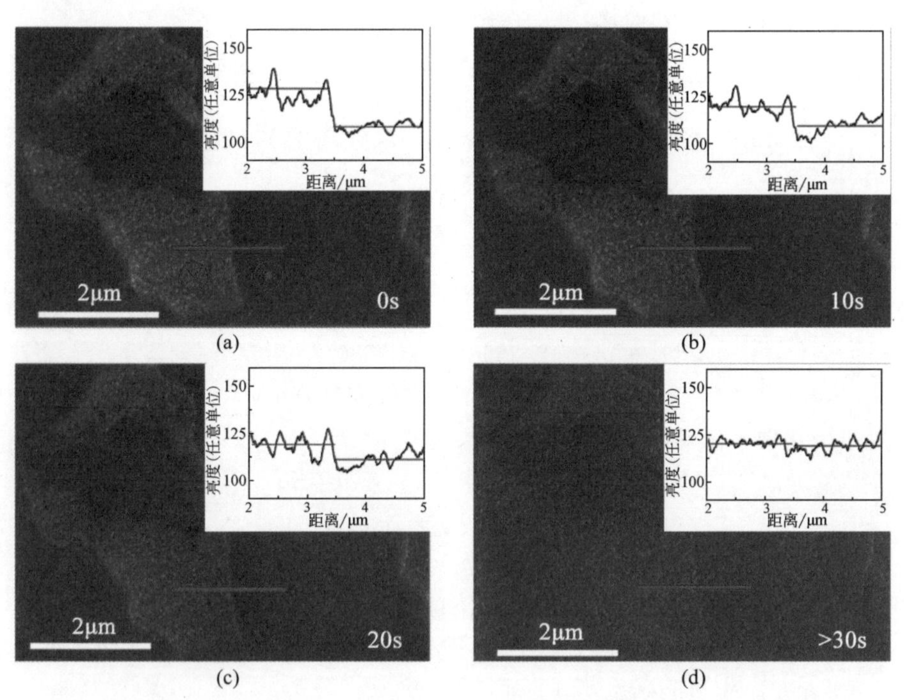

图 3.5 电子束辐照下畴的动态演化(每张图中插图表示红线对应位置的亮度分布)
(a) 辐照的最初时刻；(b) 电子束照射 10s 后，不同畴的亮度区别开始减弱；(c) 电子束照射 20s 后，不同畴的亮度区别已经不明显；(d) 电子束照射 30s 后，向下极化的铁电畴已经被反转

不同畴区的二次电子发射产额不同也暗示着不同畴区有可能具有不同的光伏效应，这是个值得研究的问题。

3.4 结　　论

利用 SEM 研究了单相多铁 $YMnO_3$ 材料中的不同铁电畴衬度，发现扫描电子束在慢速扫描时会使材料表面积累负电荷，不同铁电极化方向的 $YMnO_3$ 畴相对亮暗衬度会发生反转：极化垂直纸面向内的畴为亮衬度，极化垂直纸面向外的畴为暗衬度。样品表面带负电，会减少抑制本征二次电子产额，从而能够测出本征的二次电子产额的差别。实验测出的不同畴区之间的二次电子发射系数的差值约为 0.1，暗示了此材料不同的畴区有可能具有不同的光伏效应。当材料表面带正电时，会抑制本征二次电子产额，所看到的衬度主要来源于不同铁电畴区的不同热电势。此外，多铁材料在不同领域的应用需要不同的二次电子发射能力，可以根据需要来调节两种不同畴区的面积比例，从而适应不同的使用需求，有希望作为二次电子发射器件使用。

第4章 衍衬像解析多铁六方锰氧化物拓扑畴的极化结构

4.1 引 言

第3章利用扫描电镜的成像原理解释了不同极化畴区的相对亮暗来源,主要是不同极化畴区的本征二次电子产额不同。六方锰氧化物的透射电镜样品也产生了不同极化方向的畴具有不同的相对亮暗衬度的现象。本章利用电子衍射动力学中的双束原理,同样在介观畴尺度上,解释了低倍透射电镜中不同畴区的亮暗衬度来源,为后续工作的开展做铺垫。

4.2 简 介

在单相多铁六方锰氧化物中,所有的畴壁具有铁电、(反)铁磁、反向畴互锁的性质,其拓扑保护的特性使得畴能够在三维空间中伸展。本章利用透射电镜暗场像技术观察到了普遍存在的六瓣畴结构,并利用衍射动力学中豪伊-惠兰(Howie-Whelan)方程来模拟四种常见的六方锰氧化物材料的电子衍射强度变化。根据计算的结果,通过选择不同的双束条件进行成像,能够简单、唯一地判断不同畴的铁电极化方向和畴壁的带电情况。

4.3 背景介绍

近几十年间,多铁材料引起了研究人员广泛的兴趣,在多铁家族中,多铁六方锰氧化物($RMnO_3$, R=Y, Sc, Ho-Lu)是非常重要的一大类,它们拥有独特的拓扑缺陷结构以及多铁畴耦合特性,然而,目前对于此类多铁序参量之间的耦合研究非常少[100, 101]。近期的研究表明,多铁六方锰氧化物的多铁畴涡旋结构包含六瓣结构,相邻的两个畴之间铁电极化方向相反。在传统的铁电材料中,头对头和尾对尾两种结构的畴不是很稳定,但是在这种拓扑畴中,带电畴壁可以稳定存在。近期有很多研究是关注纳米畴的导电性的,因为不同电性的畴拥有不同性质，比如不同的导电性。$RMnO_3$是一类P型小带隙(1.7eV)半导体。[102]尾对尾的畴带负电，更容易吸引空穴载流子，所以导电性更好。更有人提出带电的畴壁有可能构成二维电子气系统。[98]总之，研究畴和畴壁的行为对于人们促进多铁材料的器件化是大有裨益的。

现在，一些研究组利用压电力显微镜[43]、光学显微镜、扫描电子显微镜[56]、透射电子显微镜来研究畴的涡旋结构[42]。其中，光学显微镜和扫描电子显微镜的分辨率比较低，压电力显微镜对面外的铁电极化比较敏感，如果想在较高的分辨率下研究与空间 c 轴垂直方向的铁电极化畴的情况，可能需要一些特殊的手段才可以实现。透射电子显微镜能够在原子尺度和微米尺度进行综合表征，非常方便被用来表征畴结构行为，也可以通过原位技术来动、静态结合研究材料的动态行为。然而透射电镜在表征六方锰氧化物方面还处于刚刚起步的阶段，因为人们不了解如何在透射电镜中简单直观地判断铁电畴极化结构。利用原位加偏压的方法，朱溢眉研究组发现畴的核心在外加偏压的作用下保持不动，可能由于氧空位的钉扎效应。同时，通过观察畴在已知外加偏压下的行为，可以判断不同铁电极化畴原本的自发极化方向。[42]此外，也可以通过高分辨电子显微镜来观察原子构型来判断铁电极化方向，但是对于六方锰氧化物这种原子排列紧密的材料，需要空间分辨率极高的透射电镜[41]。这里利用衍衬像的方法来分析六方锰氧化物的铁电极化方向，该方法简便可靠，可同时判断畴的极化方向以及畴壁的带电情况。

4.4 实验内容

常规的利用高分辨透射电镜观察原子排列来判断铁电极化的方法不简便，因为对于 $YMnO_3$这种原子间距非常小的材料，需要球差校正电镜才可以看清楚原子结构。此外，还需要很精确的带轴，超薄的样品区和耐电子辐照的材料。在衍射动力学理论中，弗里德尔定律(Friedel's law)的破缺是空间反演对称性破缺导致的，而铁电性的来源就是空间反演对称性破缺，所以利用衍射动力学基本原理可以很简单地判断铁电极化方向。弗里德尔定律在运动学衍射和中心对称的材料中都是成立的，可以表示为 $I_g = I_{-g}$。I_g和 I_{-g}分别对应关于中心对称的倒易点 $\boldsymbol{g}$ 和 $-\boldsymbol{g}$ 的衍射斑强度。在非铁电材料中，关于透射斑对称的衍射点的亮度应该是一样的。在铁电材料中，由于中心反演对称性的丢失，关于透射斑对称的衍射斑亮度不再相等，即弗里德尔定律破缺。

4.4.1　中心对称晶体的 Howie-Whelan 方程

根据完美晶体的双束衍射动力学理论，透射束 ψ_0 和散射束 ψ_g 的波函数满足[103]：

$$\frac{\mathrm{d}\psi_0}{\mathrm{d}z}=\pi\mathrm{i}\frac{v_{-g}+\mathrm{i}w_{-g}}{k_0\cos\theta_0}\psi_g-\pi\frac{w_0}{k_0\cos\theta_0}\psi_0 \tag{4-1}$$

$$\frac{\mathrm{d}\psi_g}{\mathrm{d}z}=2\pi\mathrm{i}s_g\psi_g+\pi\mathrm{i}\frac{v_g+\mathrm{i}w_g}{k_g\cos\theta_g}\psi_0-\pi\frac{w_0}{k_g\cos\theta_g}\psi_g \tag{4-2}$$

式中：s_g为衍射束的激发误差；v_g和w_g为复点阵势的傅里叶系数；z为电子束穿透样品的深度；θ_0 和 θ_g 分别为电子束入射和出射的角度，在这里可以近似为 $\theta_0=\theta_g=\theta_B$，其中 θ_B 为双束条件下激发面的布拉格角。晶体的点阵势表达为

$$V_c(\boldsymbol{r})=V(\boldsymbol{r})+\mathrm{i}W(\boldsymbol{r})=v_0+\mathrm{i}w_0+\sum_{g\neq0}{}'(v_g+\mathrm{i}w_g)\mathrm{e}^{2\pi\mathrm{i}\boldsymbol{g}\boldsymbol{r}} \tag{4-3}$$

在中心对称的材料体系中，$v_g=v_{-g}$，$w_g=w_{-g}$，材料中消光距离是与晶体势实部项相关的，定义消光距离为

$$t_g=\frac{k_g}{|v_g|}=\frac{k_0}{|v_{-g}|} \tag{4-4}$$

材料中的吸收长度与晶体势虚部项相关，定义吸收长度为

$$\tau_g=\frac{k_g}{|w_g|}=\frac{k_0}{|w_{-g}|} \tag{4-5}$$

综合式(4-4)和式(4-5)，得到：

$$\frac{v_g+\mathrm{i}w_g}{k_g}=\frac{v_{-g}+\mathrm{i}w_{-g}}{k_0}=\frac{1}{t_g}+\frac{\mathrm{i}}{\tau_g} \tag{4-6}$$

4.4.2　非中心对称晶体的 Howie-Whelan 方程

对于非中心对称的晶体，晶体势的实部和虚部分别表示为[103]

$$v_g=|v_g|\mathrm{e}^{\mathrm{i}\theta_g},\quad v_{-g}=|v_g|\mathrm{e}^{-\mathrm{i}\theta_g},\quad w_g=|w_g|\mathrm{e}^{\mathrm{i}\varphi_g},\quad w_{-g}=|w_{-g}|\mathrm{e}^{-\mathrm{i}\theta_g} \tag{4-7}$$

式中：θ_g 和 φ_g 分别为晶体势实部和虚部的相位角，所以式(4-6)重写为

$$\frac{v_g+\mathrm{i}w_g}{k_g}=\frac{1}{t_g}\mathrm{e}^{\mathrm{i}\theta_g}+\frac{\mathrm{i}}{\tau_g}\mathrm{e}^{\mathrm{i}\varphi_g}=\mathrm{e}^{\mathrm{i}\theta_g}\left(\frac{1}{t_g}+\frac{\mathrm{i}}{\tau_g}\mathrm{e}^{\mathrm{i}\beta_g}\right)=\frac{1}{q_g}\mathrm{e}^{\mathrm{i}\theta_g} \tag{4-8}$$

$$\frac{v_{-g}+\mathrm{i}w_{-g}}{k_0}=\frac{1}{t_g}\mathrm{e}^{-\mathrm{i}\theta_g}+\frac{\mathrm{i}}{\tau_g}\mathrm{e}^{-\mathrm{i}\varphi_g}=\mathrm{e}^{-\mathrm{i}\theta_g}\left(\frac{1}{t_g}+\frac{\mathrm{i}}{\tau_g}\mathrm{e}^{-\mathrm{i}\beta_g}\right)=\frac{1}{q_{-g}}\mathrm{e}^{-\mathrm{i}\theta_g} \tag{4-9}$$

其中

$$\beta_g = \varphi_g - \theta_g \tag{4-10}$$

$$\frac{1}{q_{-g}} = \frac{1}{t_g} + \frac{\mathrm{i}}{\tau_g}\mathrm{e}^{-\mathrm{i}\beta_g} \tag{4-11}$$

$$\frac{1}{q_g} = \frac{1}{t_g} + \frac{\mathrm{i}}{\tau_g}\mathrm{e}^{\mathrm{i}\beta_g} \tag{4-12}$$

式(4-1)描述的是对称晶体中衍射束的波函数随着穿透样品深度 z 的变化情况。在非对称晶体中,衍射束和透射束的波函数分别为

$$\frac{\mathrm{d}\psi_g}{\mathrm{d}z} = \frac{\pi\mathrm{i}}{q_g}\mathrm{e}^{\mathrm{i}\theta_g}\psi_0 + 2\pi\mathrm{i}s_g\varphi_g - \frac{\pi}{\tau_0}\psi_g \tag{4-13}$$

$$\frac{\mathrm{d}\psi_0}{\mathrm{d}z} = \frac{\pi\mathrm{i}}{q_{-g}}\mathrm{e}^{-\mathrm{i}\theta_g}\psi_g - \frac{\pi}{\tau_0}\psi_0 \tag{4-14}$$

所以

$$\psi_g = S_g\mathrm{e}^{-\pi\frac{z}{\tau_0}}\mathrm{e}^{\mathrm{i}\theta_g}\mathrm{e}^{\mathrm{i}\pi sz} \tag{4-15}$$

$$\psi_0 = T_g\mathrm{e}^{-\pi\frac{z}{\tau_0}}\mathrm{e}^{\mathrm{i}\pi sz} \tag{4-16}$$

其中

$$S_g(z) = \frac{\mathrm{i}}{\sigma q_g}\sin\pi\sigma z \tag{4-17}$$

$$T_g(z) = \cos\pi\sigma z - \mathrm{i}\,\frac{S_g}{\sigma}\sin\pi\sigma z \tag{4-18}$$

σ 为有效激发误差:

$$\sigma^2 = (\sigma_r + \mathrm{i}\sigma_\mathrm{i})^2 = S_g^2 + \frac{1}{q_g q_{-g}} \tag{4-19}$$

式中:σ_r 和 σ_i 分别为 σ 的实部和虚部;S_g 为激发误差。将式(4-19)和式(4-11)、式(4-12)联立,得到:

$$(\sigma_r + \mathrm{i}\sigma_\mathrm{i})^2 = S_g^2 + \left(\frac{1}{t_g} + \frac{\mathrm{i}}{\tau_g}\mathrm{e}^{\mathrm{i}\beta_g}\right)\left(\frac{1}{t_g} + \frac{\mathrm{i}}{\tau_g}\mathrm{e}^{-\mathrm{i}\beta_g}\right) \tag{4-20}$$

忽略式(4-20)中左侧的 σ_i^2 项和右侧的 $1/\tau_g^2$ 项,得到近似解:

$$\sigma_r^2 = S_g^2 + \frac{1}{t_g^2},\quad \sigma_\mathrm{i} = \frac{\cos\beta_g}{\sigma_r t_g \tau_g} \tag{4-21}$$

综合式(4-7)~式(4-21),得到衍射斑的强度变化曲线为[104]

$$I_{S,g}(z) = \psi_g\psi_g^* = \frac{\mathrm{e}^{-(2\pi/\tau_0)z}}{2\,|q_g|^2\,|\sigma|^2}[\cosh(2\pi\sigma_\mathrm{i}z) - \cos(2\pi\sigma_r z)] \tag{4-22}$$

式中:φ_g 和 θ_g 分别为点阵静电势实部和虚部的相位角。晶体势实部和虚部的傅里叶系数以及相位角都利用左建民的网站计算完成,相应的数据如表 4.1[105]所示。

表 4.1　不同六方锰氧化物的傅里叶系数和相位角

六方锰氧化物	结构因子(实部)			电子吸收(虚部)	
	衍射斑	傅里叶系数/(10^{-2} l·$Å^{-2}$)	相位角/(°)	傅里叶系数/(10^{-3} l·$Å^{-2}$)	相位角/(°)
$YMnO_3$	(002)	1.2221	116.35	1.3264	−10.177
	(004)	10.499	2.2313	4.3977	177.56
$ErMnO_3$	(002)	2.1764	145.03	6.2962	−6.1426
	(004)	11.744	−1.8535	8.7671	172.13
$LuMnO_3$	(002)	2.2561	143.75	7.0167	−5.3164
	(004)	12.053	0.32923	9.4409	173.84
$YbMnO_3$	(002)	2.0437	140.64	6.7836	−5.258
	(004)	11.806	0.49552	9.2519	173.70

六方锰氧化物 $YMnO_3$[87]，$ErMnO_3$[106]，$LuMnO_3$[107]，$YbMnO_3$[108]衍射强度模拟结果如图 4.1 所示。曲线的主要振荡行为是由式(4-22)的中括号项决定的。中括号前的系数项其实是包络函数,能够体现出随着厚度的增大,衍射斑的强度会随着指数衰减。插图是图中黑色虚线框的放大内容。通过放大的插图,可以知道(004)/(00$\bar{4}$)强度曲线并不重合。这四种化合物拥有相似的晶体结构,所有模拟的曲线形状也非常类似,拥有一致的规律。计算结果演示了(004)/(00$\bar{4}$)和(002)/(00$\bar{2}$)衍射强度随着厚度变化的规律。整体而言,(004)/(00$\bar{4}$)系列衍射斑强度大于(002)/(00$\bar{2}$)系列衍射斑,和实验中观察到的现象一致。当(004)或(00$\bar{4}$)衍射斑被激发,(00$\bar{4}$)衍射斑强度大于(004),导致畴满足极化方向和 $\boldsymbol{g}$ 矢量方向一致(即 $\boldsymbol{P}\cdot\boldsymbol{g}>0$)的畴显示明亮衬度。相反的,(002)衍射斑强度大于(00$\bar{2}$),所以极化方向和 $\boldsymbol{g}$ 矢量方向相反(即 $\boldsymbol{P}\cdot\boldsymbol{g}<0$)的畴显示明亮衬度。上述四种六方锰氧化物具有相似的晶体结构,它们的区别在于铁电位移的大小以及晶体势不同,导致不同的电子消光距离和不同的相对衍射强度。在本书所述的情况下,实验利用 FEI G20 透射电子显微镜实现,所有计算在 200kV 下进行。300kV 下也遵循相似的规律,只是衍射强度和消光距离略有不同。

对于四种六方锰氧化物的单胞,定义单胞的铁电极化方向反平行于单胞中空间 c 轴方向(也就是说极化矢量 $\boldsymbol{P}$ 都指向[00$\bar{1}$]方向),如图 4.2(a)所示。在样品中存在六瓣涡旋核心,每个涡旋核心周围的六个畴分别具有相

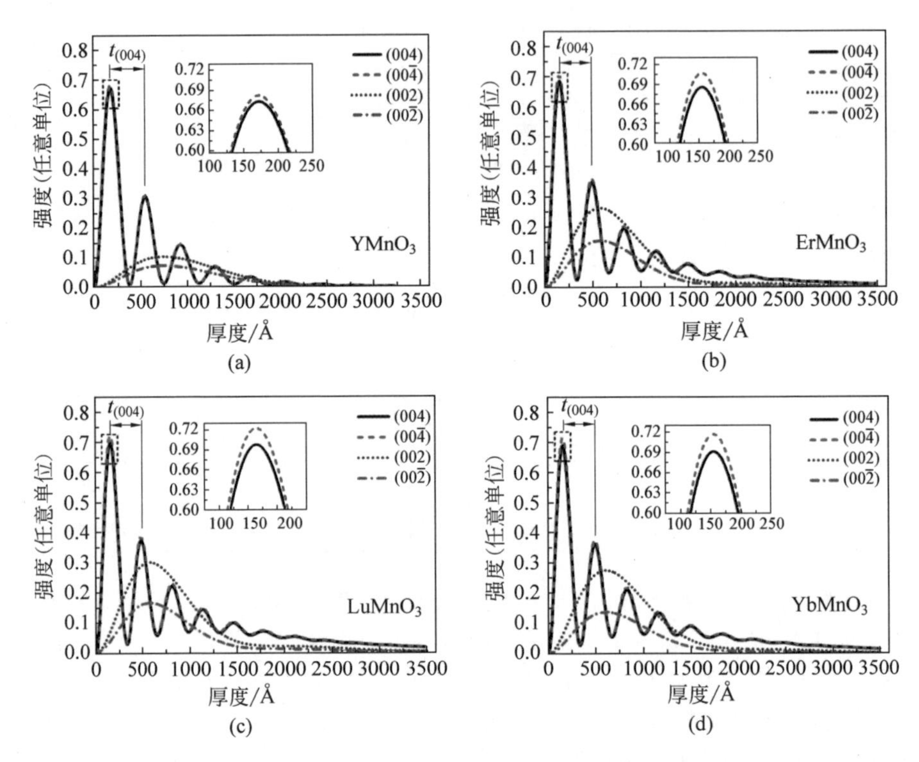

图 4.1　Howie-Whelan 方程计算得到的四种锰氧化物衍射强度和材料厚度之间的关系

每种锰氧化物计算了四个指数的衍射斑，插图中放大展示了黑色虚线的区域，$t_{(004)}$代表相邻两个(004)峰的距离，即消光距离；(a) $YMnO_3$；(b) $ErMnO_3$；(c) $LuMnO_3$；(d) $YbMnO_3$

反的铁电极化方向，由于铁电极化方向和单胞的 c 轴取向是关联的，每个极化畴都对应着一套自己的空间坐标系。选区光阑能够同时选中很多的畴进行成像，所以同一个衍射斑其实包含不同畴的衍射信息。如果在衍射空间选中了一个 $\boldsymbol{g}$ 矢量，$\boldsymbol{g}$ 衍射斑的强度其实是不同极化畴区的 n 个 $\boldsymbol{g}_i$ ($i=1,2,\cdots,n$)的叠加。如图 4.2(b)所示的双束条件下，衍射斑 A 的强度是极化向下畴(002)和极化向上畴的(00$\bar{2}$)的叠加。如果选择 A 来实现暗场像，不同畴区内的亮度取决于(002)和(00$\bar{2}$)的相对强度。根据模拟的结果，(002)的强度大于(00$\bar{2}$)，所以极化向下的区域比极化向上的区域更亮，如图 4.2(c)所示，也就是说满足 $\boldsymbol{P}\cdot\boldsymbol{g}<0$ 的区域更亮。

从图 4.1 中的计算结果可以看出，(002)/(00$\bar{2}$)系列的衍射斑亮度差别大于(004)/(00$\bar{4}$)系列衍射斑，为了得到更好的畴间对比度，推荐选用(002)/(00$\bar{2}$)系列的衍射斑来做双束暗场像实验。$YMnO_3$单相多铁六方锰

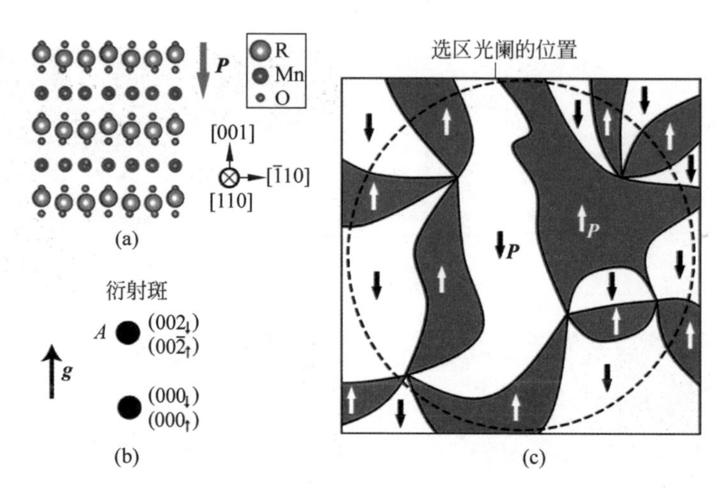

图4.2　双束条件下出现不同电子衍射衬度的示意图

(a) [100]带轴下六方锰氧化物 $RMnO_3$ 的原子模型(绿色:R,紫色:Mn,红色:O);(b) 双束条件下选择的衍射斑;(c) 不同极化方向的畴拥有不同的亮暗衬度,向下极化的畴比向上极化的畴有更亮的衬度,黑色点画线代表选区光阑的位置,图中黑色和白色箭头代表不同畴的极化方向

氧化物材料具有拓扑涡旋畴结构,每个畴核心都有六瓣畴。图4.3(a)~(d)展示了在 $YMnO_3$ 单晶材料中分别选用不同 $\boldsymbol{g}$ 矢量得到的双束暗场像结果。选择的不同 $\boldsymbol{g}$ 矢量分别用白色箭头标示在图的上方。每个畴核心包括六个畴,三个畴极化向上,三个畴极化向下。每种极化方向都对应着一种亮度(亮或暗),每个畴都沿着空间 c 方向有一些拉长。利用前文所述的结果,每个畴区的铁电极化方向可以很容易判断。当选(002)/(00$\bar{2}$)系列的衍射斑时,$\boldsymbol{P}\cdot\boldsymbol{g}<0$ 的畴区显示亮的衬度,所以同一个畴在选择不同的 $\boldsymbol{g}$ 矢量时,其相对明暗状态不同。当选择(004)/(00$\bar{4}$)系列衍射斑时,满足 $\boldsymbol{P}\cdot\boldsymbol{g}>0$ 的畴为亮衬度,与选择的 $\boldsymbol{g}$ 矢量方向相同的畴为亮的衬度,所以很容易标定出每个畴的铁电极化方向。如图4.3(a)~(d)中,分别采用了四种 $\boldsymbol{g}$ 矢量,畴的亮暗程度会有所不同,但是每个畴的铁电极化方向可以被唯一标定出来。

在传统的铁电材料中,畴壁能普遍偏高,所以材料中的畴壁倾向于面积最小。在六方锰氧化物中,由于畴壁具有拓扑保护的特性,铁电畴壁可以在三维空间内相对自由地分布,180°畴壁可以很容易观察到。铁电极化矢量头对头接触的畴壁(图4.3(a)中"+"号表示的区域)带正电,容易吸引电子载流子。尾对尾(图4.3(a)中"−"号表示区域)畴壁带负电,容易吸引空穴

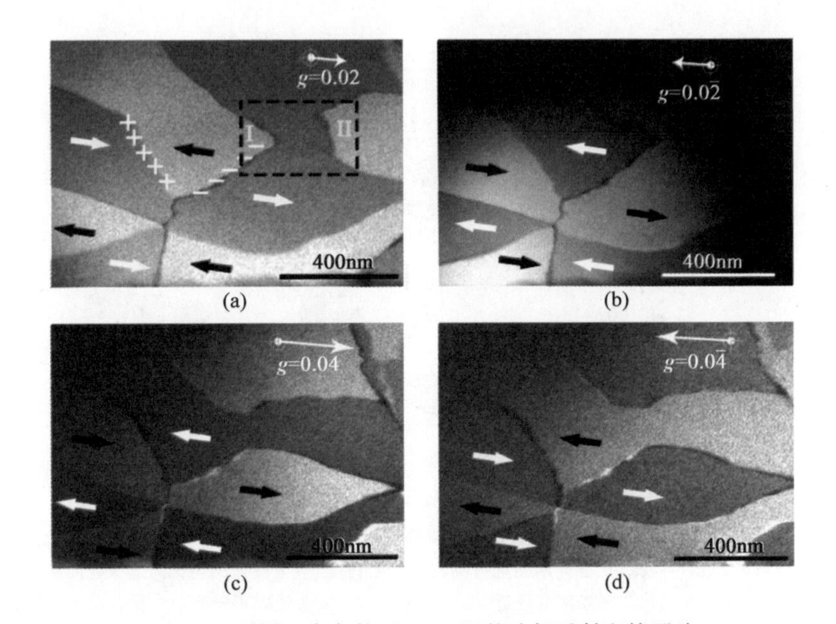

图 4.3　不同双束条件下 $YMnO_3$ 的暗场透射电镜照片

(a) 利用(002)衍射斑得到的双束暗场像,“+”“−”符号标示出了畴壁的带电属性; (b) 在相同区域利用(00$\bar{2}$)衍射斑得到的暗场像; (c)、(d) 利用(004)和(00$\bar{4}$)得到的暗场像,满足 $\boldsymbol{P}\cdot\boldsymbol{g}>0$ 关系的畴区显示亮的衬度

载流子。$YMnO_3$ 为 P 型半导体,空穴为多子,尾对尾的畴壁可以积累更多的空穴,所以导电性更强。图 4.3(a)中方框所示区域在电子束的辐照下会运动,两个畴在几十分钟的时间里融合在一起,说明这两个畴拥有相同的极化方向和相位,也说明电镜中的电子束能够诱导铁电畴壁的运动,暗示该类材料的畴壁具有很强的移动性。除此以外,六个畴的汇聚角并不是 60°,在垂直于 c 轴的平面上,由于晶体的六次对称性,六瓣畴有机会以 60°形式汇聚到一点,但是在平行于 c 轴的平面,汇聚角不可能为 60°。

4.5　结　　论

综上,本章阐述了一种利用电子衍衬像确定不同畴的铁电极化方向的方法,这比传统的球差校正高分辨以及原位方法判断铁电极化方向要节约时间、节省设备。首先利用衍射动力学知识,计算了不同指数衍射斑随着样品厚度的亮度变化曲线,发现(004)/(00$\bar{4}$)系列衍射斑强度要大于(002)/

$(00\bar{2})$系列衍射斑，这和实验中的结果一致。$(002)/(00\bar{2})$系列衍射斑的亮度区别更明显，所以在利用双束条件来判断铁电极化时，为了得到更好的衬度，建议使用$(002)/(00\bar{2})$系列衍射斑。当$(004)/(00\bar{4})$系列衍射斑被激发，满足 $\boldsymbol{P}\cdot\boldsymbol{g}>0$ 的畴区显示明亮衬度；当$(002)/(00\bar{2})$系列衍射斑被激发，满足 $\boldsymbol{P}\cdot\boldsymbol{g}<0$ 的铁电极化区域显示明亮衬度。与此同时，不同带电性的畴壁也可以被判断出来。在此实验中也第一次展示了仅仅在电子束的辐照下，拓扑涡旋畴具有移动行为。本章所论述的结果对于进一步研究拓扑缺陷畴结构有借鉴作用。

第5章 六次对称体系中非六次涡旋畴结构

5.1 引 言

前两章在介观尺度上对六方锰氧化物的畴结构进行了细致的分析与表征。相对于扫描电镜，（扫描）透射电镜具有更高的空间分辨率，所以后续的工作主要基于（扫描）透射电镜来开展。利用第4章阐述的透射电镜暗场像技术，在样品中发现除了常规的六瓣畴以外，还有许多非六瓣畴的存在。本章借助球差校正的扫描透射电镜深入到原子尺度研究涡旋畴核心，发现 $YMnO_3$ 中非六瓣涡旋核心总是伴随着不全刃位错的钉扎，两种拓扑缺陷相互耦合并且导致了畴瓣数的演化。

5.2 概 述

在 $YMnO_3$ 六次对称的材料中存在非六次对称的畴结构，比如两次、四次和八次对称的畴核心。利用球差校正的高分辨扫描透射电子显微镜，发现位错总是钉扎在涡旋畴核心。位错和涡旋核都属于拓扑缺陷结构，这两种拓扑缺陷结构在单相多铁材料中相互耦合，产生了新的拓扑结构。朗道自由能计算也验证了非六瓣畴的存在，并且解释了不全刃位错引入的应变场的作用、八瓣拓扑畴的形成温度、成核位点等问题。利用同伦群理论，对不同类型的涡旋进行了拓扑分类。

5.3 背 景 介 绍

拓扑缺陷是现代科学领域中的热点话题，该缺陷总是出现在自发对称性破缺转变点附近。[109-112]拓扑保护的缺陷结构在信息存储领域有重要的作用，而且总是会伴生新奇的物理现象，比如斯格明子，多铁涡旋，畴壁，位错等都属于拓扑保护的缺陷结构。[37,113-117]研究这些结构非常有趣，因为这背后隐藏着深刻的物理内涵。[118]这些拓扑结构能够帮助人们预测拓扑缺陷的行为和理解其相应的功能性。[119,120]然而，由于实验手段的限制，理解拓扑缺陷及其之间的相互关系仍然是一个研究热点和难点。理解和掌握拓扑缺陷的相互关系有助于实现拓扑结构的可控操纵。

在多铁六方锰氧化物($RMnO_3$，R 代表稀土金属)中，高温下具有中心对称的空间群 $P6_3/mmc$(D_{6h}对称性)，在结构相变点以下，结构会由于 K_3 模的凝聚转变为 $P6_3cm$ 空间群，该空间群丧失了中心对称性，从而具有铁电极化。与此同时，MnO_5 三角双锥也会产生三聚现象，相邻的三个 MnO_5 多面体会向中间倾转，使 R 离子产生位移，但是在这个过程中，单胞的六次对称性仍然保持。此三聚过程产生了六种方位角(φ)，对应着 MnO_5 的倾转方向，每个之间相差 $\pi/3$。每个 φ 值对应着一种 R 原子层的起伏构型。[32,100,101]之前有人通过理论计算，发现高温下序参量空间是连续的，在相变点以下，序参量会变为六个离散的分量。[121-124]这个过程会在一个核心周围产生六种晶体学允许的畴 α^+，β^-，γ^+，α^-，β^+，γ^-(涡旋)或 α^+，γ^-，β^+，α^-，γ^+，β^-(反涡旋)。[101]六瓣涡旋畴是受到拓扑保护的，并且在外加电场或热场下是非常稳定的。[42,94,124]涡旋核心的分布和连接可以用图论来分析。[125]然而，由于位错的引入，涡旋周围的畴排布会受到影响。图 5.1(a)展示了 $YMnO_3$ 的单胞模型，不同的颜色代表 Y 离子相对于顺电位置的位移，其中有 2/3 的原子具有向下的位移，1/3 的原子具有向上的位移，所以该单胞的整体铁电极化向下。图 5.1(b)和(c)定义了六方结构中的三种相位关系和两种铁电极化，所以在这个材料体系需要六种序参量(α^+，β^-，γ^+，α^-，β^+，γ^-)才能较好地描述不同的畴结构。从几何关系上讲，$YMnO_3$ 中一共存在四种构型的畴壁(类型 A-类型 D)。A 类铁电畴壁具有最锐利的畴转换，所有的原子都位于铁电相的位置；B 类畴壁较宽，中间经过三个原子，而且最中心的原子位于顺电相上(绿色原子)；C 类畴壁经由一个位于顺电态的原子进行转换；D 类畴壁是能量最高的，两个向上位移的原子和两个向下位移的原子相邻。目前在 $YMnO_3$ 中已经观察到 A-C 类的畴壁，D 类畴壁目前还没有实验报道。

5.4 实验与讨论

本章利用先进的电子显微镜和数值模拟的方法，研究了涡旋核心和位错之间的耦合机制，并且对不同瓣数的畴进行了同伦群分类。实验中使用

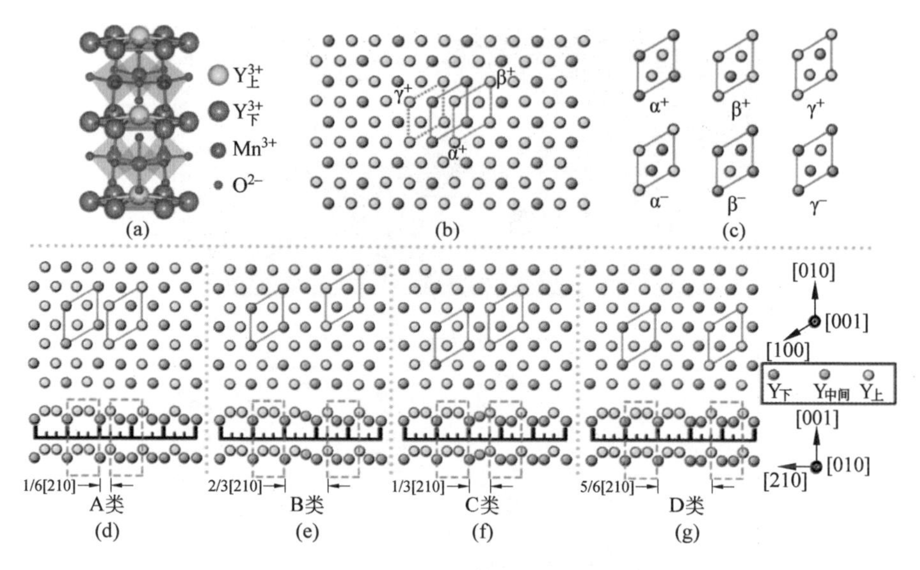

图 5.1　$YMnO_3$的晶体结构和畴壁类型

(a) 典型的具有六次对称结构的 $YMnO_3$的单胞，黄色小球代表位于 $2a$ 威科夫位置的 Y 离子，橘黄色小球代表位于 $4b$ 威科夫位置的 Y 离子；(b) [001]带轴下的结构示意图，可以定义出三种不同的相位关系；(c) 六方锰氧化物中的六种序参量，包括三种相位关系，两种铁电极化；(d)～(g) 四类不同的铁电畴壁类型

的 $YMnO_3$ 单晶是利用浮区法生长得到的，利用扫描透射电镜中的高角环形暗场像进行实验，会聚角为 21.2mrad，收集角范围是 67～275mrad，分辨率优于 0.08nm。为了使图像清晰，一些照片中使用了 Wienner 方法滤波。

图 5.2(a)展示了介观尺度下六方锰氧化物 $YMnO_3$ 的暗场像，从图中可以看出，2，4，6，8 瓣的畴共存(红色圆圈中已经框出)，其中八瓣涡旋畴核心用红色方框标示出。在暗场像下，涡旋核心处观察刃位错的衬度清晰可见。在浮区法生长单晶的过程中会有温度的急速变化，在这个过程中可能会在材料中引入缺陷，比如不全刃位错。

图 5.3(a)和(b)中显示了八瓣和四瓣涡旋核心结构的高分辨率照片，图中央蓝色和红色实线方框中的最核心区域已经放大展示在图 5.4(a)和(b)中。在图 5.3(a)中，拓扑畴核心和位错是耦合在一起的，位错可以使具有相同序参量畴同时存在于同一个拓扑畴核心位置，这在传统的涡旋核心中是能量不稳定的。几何相位分析方法(geometric phase analysis，GPA)可以对位错核心处的应变状态进行分析[126]。八瓣和四瓣涡旋畴核心处沿着面内水平方向的应变ε_{xx}分布如嵌入的彩图所示，均可以观察到两

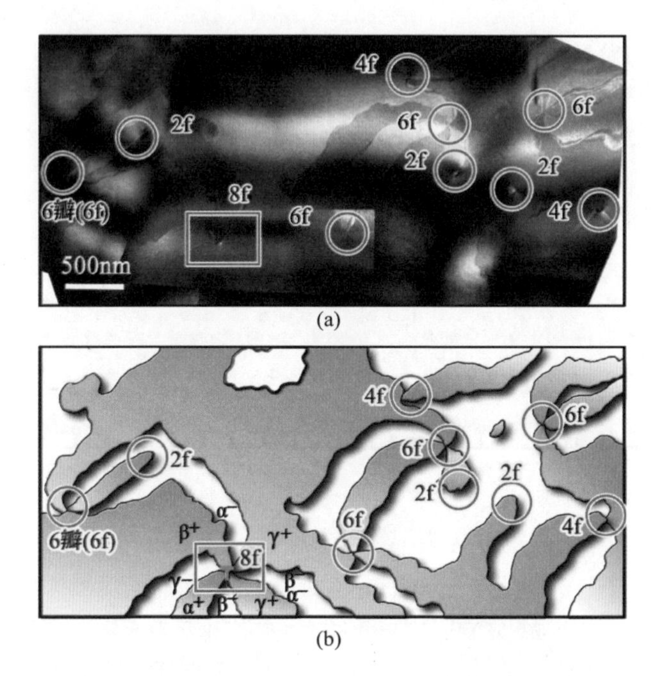

图 5.2　六方 $RMnO_3$ 中的非六瓣的涡旋核心结构

(a) 拼合而成的 $YMnO_3$ 的介观暗场像实验图，2，4，6，8 瓣的涡旋核心用红色圆框和方框标示；(b) (a)的示意图

处应变变化最剧烈的地方，即位错核心处。在图 5.3(a)和(b)中，柏氏回路用粉红色虚线标示出来，亮和暗的原子分别代表 Y 和 Mn 离子，水平白色有标尺的线是原子标尺，对应的低倍暗场像和几何相位分析结果也分别插入到图中，通过 GPA 的结果，可以明显看到两个不全刃位错嵌入在核心位置，α，β 和 γ 相位的畴分别用绿色、红色、蓝色表示。在畴核心区，由于位错的嵌入，对 A 位 Y 离子的上下位移产生了影响。在双束暗场像下，利用 Friedel's Law 的破缺，可以在低倍下观察到不同极化方向的畴具有不同的亮暗衬度[127]。插入畴核心的位错为不全刃位错，柏氏矢量为 1/3[120]。以四瓣涡旋核心为例，为了避免位错导致的能量不稳定，原先的 $\alpha^- \to \beta^+ \to \gamma^- \to \alpha^+ \to \beta^- \to \gamma^+$ 涡旋构型转变为了 $\alpha^- \to \beta^+ \to \gamma^- \to \beta^- \to \gamma^+$，从而形成了四瓣涡旋核心。图 5.3(a)～(g)展示了五种实验中观察到的非六瓣涡旋构型，图 5.3(h)～(g)中展示了三种预测的非六瓣涡旋构型。AV 代表反涡旋，V 代表涡旋。图 5.3(a)和(b)中的涡旋构型可以用同伦群理论进行分类为(−2)×(−2)和 0×(−2)，图 5.3(c)～(j)可以分别分类为(−1)×(−2)，

0×(−1),(−1)×(−1),0×(−2),(−2)×(−2),(−1)×(−2),1×(−1)和 1×(−2)。图 5.3 (a)～(j)图中水平的点画线是序参量 θ 的分界线。

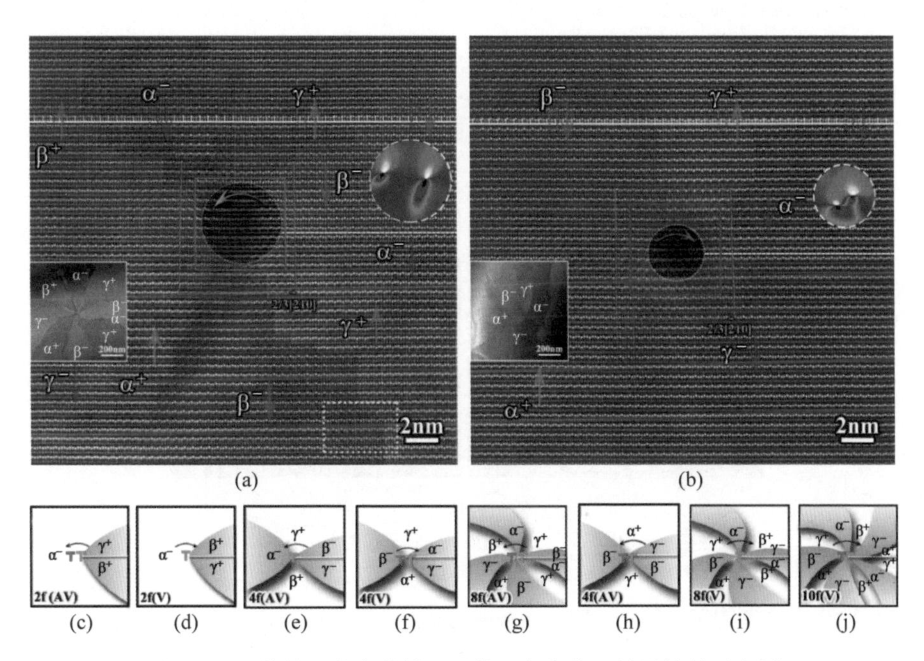

图 5.3　涡旋核心的高分辨原子像和各类非六瓣涡旋的示意图

(a) 八瓣涡旋核心；(b) 四瓣涡旋核心[100]带轴下的 HAADF-STEM 高分辨照片；(c)～(j) 八种可能的非六次涡旋构型

如图 5.4 所示，把图 5.3 中八瓣和六瓣畴的核心部分(分别用红色和蓝色实线框出的区域)放大，并且在放大的核心区标出柏氏回路，这两种畴核心都有两个不全刃位错嵌入，总的柏氏矢量为 2/3[210]。涡旋核心处的原子构型有些模糊，主要原因是去通道效应(dechanneling effect)。去通道效应会降低原子的衬度，并且造成原子离域，利用高斯拟合得到的原子亮度中心并不能代表原子的真实位置。在 STEM 图片中，推测有三种原因会造成这种去通道效应：①涡旋核心线在样品中并不是直线，导致铁电畴在观察方向上会有叠加现象，不同方向位移的 Y 离子会重叠在一起；②在涡旋核心处，铁电极化值也会偏离块体值，导致 Y 离子的位移量减小；③不全刃位错在样品中也不一定是直线，位错核心附近会有非均匀的应变场。在这三个原因的共同作用下，涡旋核心的原子衬度模糊。这三种因素在三维空间中存在复杂的相互关系，而电镜照片仅是二维投影，不能分解这三种因素，尤其是在涡旋核心区，在此仅能做定性的分析：效应①会导致原本是圆形的原子有拉长，效应②会导致 Y 离子的位移更小，效应③会导致水平方向原子柱的间距变化。这种原子的模糊仅发生在涡旋核心处，并不会影响分析的结果。畴的瓣数和畴之间的相位关系可以通过远离核心区的畴来判断。位错的类型和数目可以通过柏氏回路和几何相位分析来识别。

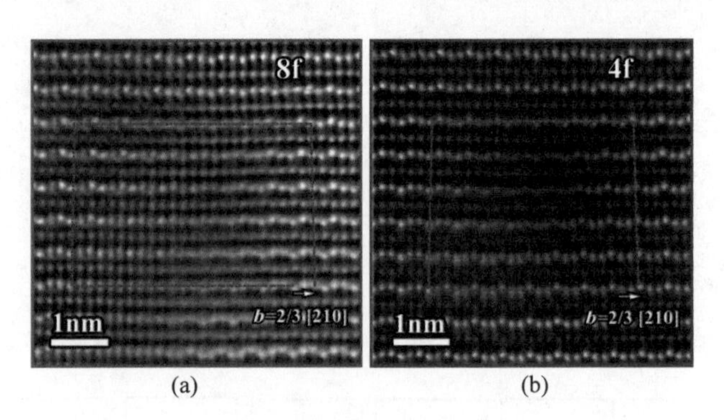

图 5.4　涡旋核心的放大图片

(a) 图 5.3(a)中红色方框畴核心区的放大图片；(b) 图 5.3(b)中蓝色方框畴核心区的放大图，两张图中的柏氏矢量相同，均为 $b=2/3[210]$

TEM 照片是三维样品在二维空间中的投影，六方锰氧化物中的畴壁都是三维扩展的，所以在 TEM 照片中畴壁不是一条非常锐利的直线。畴的叠加会使得畴壁处的原子衬度显示为拉长或移位。将图 5.3(a)中的黄色点画线区域放大，如图 5.5 所示，发现此为畴壁区，β^- 和 γ^+ 相在此区域共存。

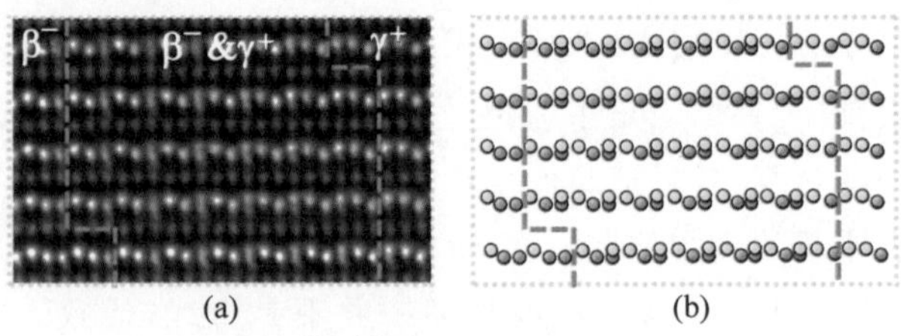

图 5.5　畴壁区的区域放大图片和对应的原子模型

(a) 图 5.3(a)中黄色点画线中的区域放大图片；(b) 对应的原子模型

在 $RMnO_3$ 中，六次涡旋的形成过程可以用两种序参量场来表示：MnO_5 三角双锥的倾转幅度 Q，倾转的方位角 φ。[121, 124, 128, 129] 在低温下，序参量空间存在六种简并态，即之前定义的六种序参量：α^+，β^-，γ^+，α^-，β^+，γ^-。图 5.6(a)中圆环上六个黑色的点代表低温下六种简并的态，对应的 R 原子的上下起伏构型也表示在图中。序参量在接近结构相变温度的时候，离散的简并态会逐渐变为连续的圆形，序参量空间将会变为连续的 U(1)对称性，圆形的半径与 Q 的值成正比，因此圆环在温度高于 T_s 的时候半径会变为零，因为此时 MnO_5 三角双锥不会发生倾转，即 $Q=0$。但是由于在系统中引入了位错，两种序参量就不足以描述畴的结构，这里引入了另一种序参量 θ 来描述应变场导致晶格沿着 x 方向的位移，这个参量能够描述绕着位错和几何相位，并且与 A 位离子的位移有关[130-132]。绕着一个位错核心，并且假设材料的泊松比为 0.3 的情况下，θ 值的变化如图 5.6(b)所示。从分割线，沿着任意的轨迹顺时针旋转，θ 值会连续的从 0～2π 变化。刃型位错产生的沿着 x 方向的位移可以用 Peierls-Nabarro 位错模型来描述[130-132]：

$$u_x=-\frac{\boldsymbol{b}}{2\pi}\arctan\frac{2(1-\nu)\boldsymbol{x}}{\boldsymbol{y}} \tag{5-1}$$

式中：$\boldsymbol{x}$，$\boldsymbol{y}$ 为连接要求解的位置与位错核心位置的连接矢量；$\boldsymbol{b}$ 为柏氏矢量。为了简便，这里把柏氏矢量的大小都作了归一化；ν 是泊松比。所以 θ 的数学表达式可以写为

$$\theta=\begin{cases}-\boldsymbol{b}\left[\arctan\dfrac{2(1-\nu)\boldsymbol{x}}{\boldsymbol{y}}-\dfrac{\pi}{2}\right], & y\leqslant 0\\ -\boldsymbol{b}\left[\arctan\dfrac{2(1-\nu)\boldsymbol{x}}{\boldsymbol{y}}-\dfrac{3\pi}{2}\right], & y>0\end{cases},\quad 当\ \boldsymbol{b}\geqslant 0;$$

$$\theta=\begin{cases}-\boldsymbol{b}\left[\arctan\dfrac{2(1-\nu)\boldsymbol{x}}{\boldsymbol{y}}+\dfrac{\pi}{2}\right], & y\leqslant 0\\ -\boldsymbol{b}\left[\arctan\dfrac{2(1-\nu)\boldsymbol{x}}{\boldsymbol{y}}+\dfrac{3\pi}{2}\right], & y>0\end{cases},\quad 当\ \boldsymbol{b}<0 \tag{5-2}$$

考虑到图 5.6(b)单畴单位错的情况，分割线上方的上-下-下的原子构型在通过分割线的时候会突然变为下-下-上构型。Y 原子在这条线两边的构型不同，表明这条线是材料中的一条反相畴界，这里展示的是单畴状态，并没有铁电畴壁存在，所以在这个体系中铁电畴界和反相畴界并不一定互锁[133, 134]。该反相畴界是位错的应变场导致的，是累积的效应，所以可以放在图中任意的位置，不一定必须在位错导致的多余半原子面处，在此就只展示图像的左侧。这里研究的主要是不全刃位错，所以这条分界线总是出现。Y 离子的上下起伏也是受到 θ 序参量的调控的，含有位错的 $RMnO_3$ 体系

序参量空间可以由圆柱形表面表示，圆柱侧壁的线代表不全刃位错（如图 5.6(c)所示）。将圆柱体进行拓扑变形，将图 5.6(c)中的两个圆柱体的两端通过卷曲拉伸的办法连接起来可以得到甜甜圈型的序参量空间，如图 5.6(d)所示。固定 θ 值，φ 值从 $0\sim2\pi$ 变化对应于沿着小圆转动一圈（黑色的圆圈），与此类似，固定 φ 值，θ 值从 $0\sim2\pi$ 变化对应着沿着大圆转动一圈。

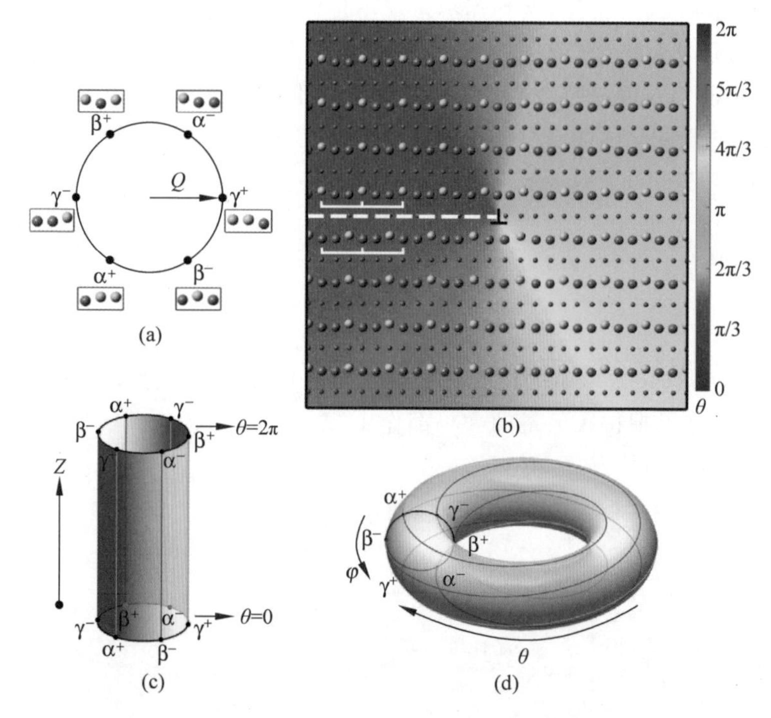

图 5.6 含有不全刃位错的系统的序参量和原子模型示意图

(a) 无位错系统的序参量；(b) 原子结构示意图展示了单畴单位错的情况；(c) $RMnO_3$ 体系位错存在情况下的序参量空间；(d) 从(c)图中圆柱形型序参量变化而成的新的序参量空间

根据同伦群理论，对于这种甜甜圈型的简并空间，图 5.3(c)～(j)中的涡旋构型都可以用同伦群 $\pi_1(\boldsymbol{R})=Z\times Z$ 中的基本元素(m,n)来表示[111, 112]。考虑顺时针绕着涡旋核心转动，m 和 n 的值分别为绕着甜甜圈型序参量空间转动通过小圆和大圆的圈数，即缠绕数。当绕行序参量空间的方向如图 5.6(d)中箭头所示的方向，则 m 和 n 值为正。基于此定义，n 的值相当于涡旋核心柏氏矢量 $\boldsymbol{b}$ 的数目（把每个单位不全刃位错的柏氏矢量进行归

一化，记为 1，把两个距离很近的柏氏矢量为 1 的位错看作一个柏氏矢量为 2 的位错）。图 5.3 中所有涡旋的核心类型都可以用同伦群进行唯一的分类。一般而言，低缠绕数的拓扑缺陷容易形成，即$|m|$和$|n|$很小的情况。此外，涡旋核心处的铁电畴壁数总是偶数，且等于$|6\cdot m-2\cdot n|$。如果是全位错，则对材料的拓扑畴态没有任何影响，这里主要考虑不全刃位错，所以$|\boldsymbol{b}|=\pm2$和±1，两个缠绕数之间的相互组合形式一共有八种，所以在这里可以认为一共有八种畴态满足拓扑学关系，实验中观察到了五种（图 5.3(c)～(g)），剩下三种为预测得到的畴态（图 5.3(h)～(j)），但是可能由于形成的能量太高，在实验中并未观察到。

实验结果和原子模型都表明 Y 原子的起伏构型在分割线上下变化并不明显，因为位错引起的原子在水平方向上的跳跃被畴壁所补偿。涡旋核心的原子模型示意图如图 5.7 所示，每个涡旋核心都有一个不全刃位错，分割线用红色线表示，并且放在图的左侧，用红色圆圈框出涡旋核心区原子会有较大畸变，所以原子用绿色来表示，畴壁用黑色线表示。

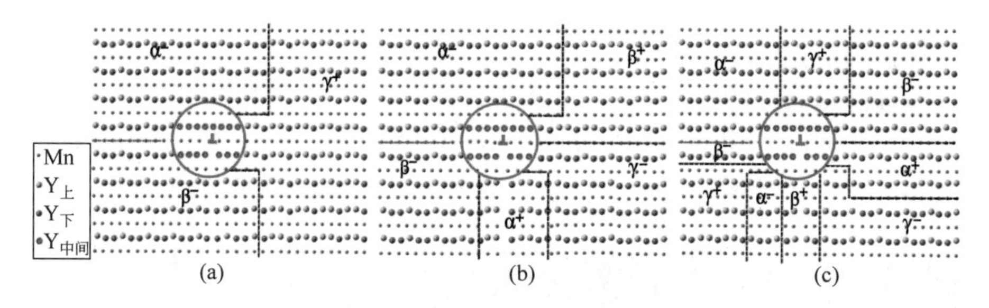

图 5.7　非六瓣涡旋核心附近的原子构型示意图
(a) 两瓣；(b) 四瓣；(c) 八瓣涡旋核心

可以利用朗道唯象模型来解释涡旋的形成机制。新定义的角度参量$(\varphi+\theta/3)$确保梯度能密度在畴内是连续的，剧烈的变化仅会发生在畴壁和涡旋核心处。基于这个模型，可以用蒙特卡洛方法来模拟退火过程[124]。退火后的图 5.3(c)～(j)中的涡旋构型如图 5.8(a)～(h)所示。图中不同的颜色表示涡旋核心附近序参量 Q 的倾转幅度，黄色箭头代表位错的位置，柏氏矢量 $\boldsymbol{b}$ 和对应的同伦群分类$[m\times n]$都列在每张图的下部，因为畴壁处的 Q 值比畴上的 Q 值小，亮红色的线代表畴壁的位置，因为在一些类型的涡旋核心处如图 5.8(b)～(d)、(f)～(h)具有非常高的自由能梯度，Q 值在这些核心处降低得非常剧烈，所以会显示为黄色或绿色的点，在一些涡旋核心，自由能梯度很低，所以 Q 值改变并不剧烈。图 5.8(a)、(e)、(f) 中可以看到两个斑点，因为核心处不够稳定，趋向于分裂为两个子核心。在这些模拟中，位错的形成温度 T_d 能够决定涡旋的类型。

当位错在结构相变点 T_s 以上形成时，$0\times(\pm1)$ 和 $0\times(\pm2)$ 型的涡旋（如图 5.8(a)、(e)）最常见，$(\pm1)\times(\pm1)$，$(\pm1)\times(\mp1)$，$(\pm1)\times(\pm2)$ 和 $(\pm1)\times(\mp2)$ 类型的涡旋核心（如图 5.8(b)～(d) 和 (g)）可以偶尔观察到。在这里，φ 的分布是任意的，θ 是固定的。当温度从 T_s 以上开始降温，φ 值开始变化，使得局域能量最低，从而得到最低能量的涡旋。这就表明，含有一个位错的两瓣畴和含有两个位错的四瓣畴是能量上最稳定的。由于 $RMnO_3$ 中六次涡旋和和畴壁的形成是在结构相变温度，因此涡旋核的形成极有可能在位错核心区，在这种条件下 $(\pm1)\times n$ 的位错核心形成。$(\varphi+\theta/3)$ 在核心处有急剧变化，导致自由能密度梯度非常高，所以这些区域中 Q 会降低。

降低 $T_d\left(T_d<\frac{2}{3}T_s\right)$，$(\pm1)\times n$ 型的涡旋比较常见，$(\pm2)\times(\pm2)$ 型的八瓣涡旋也会形成。在 T_d 温度时，六次涡旋已经形成，涡旋核心和畴壁在此温度的移动性降低。为了平衡位错引入的自由能，相对高能态的涡旋会形成。当 $|\boldsymbol{b}|=2$ 的位错刚好出现在六瓣涡旋处，$(\pm2)\times(\pm2)$ 型的核心就会产生。此外，$(\pm1)\times(\pm2)$ 型的四瓣涡旋也经常出现。其中，$(\pm2)\times$

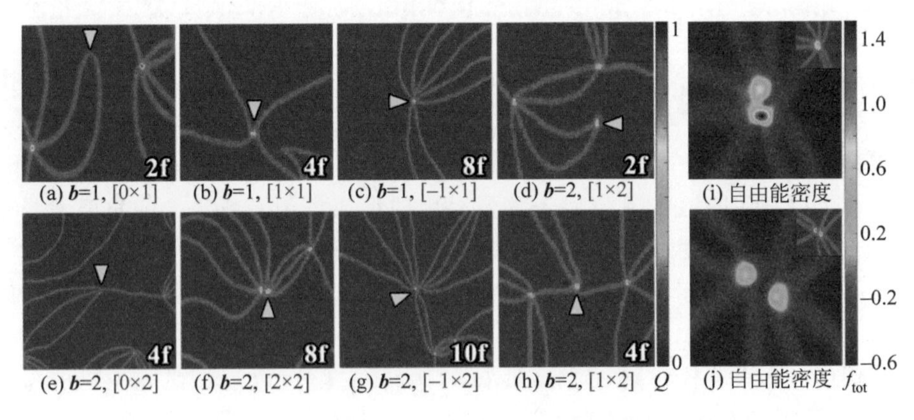

图 5.8　基于朗道自由能理论进行的数值模拟结果

(a)～(h) 六次涡旋和八种其他类型涡旋的共存，不同颜色对应的 Q 值可见右侧标尺（单位：Å）；(i)、(j) 展示了不同位错形成温度（T_d）下的两种 2×2 类型的八瓣核心的自由能密度分布结果，对应的 Q 的分布图展示在图的右上角，自由能密度对应的颜色标尺在图的右侧（单位：eV）

(±2)型的核心非常不稳定,倾向于分裂为两个相邻的涡旋,比如2×2的涡旋核能分裂为1×2和1×0的涡旋核。T_d的提高会使得两个涡旋核心的距离增加。比较图5.8(i)和(j),当$T_d=1/6T_s$时,未劈裂的八瓣涡旋核的能量要比$T_d=1/2T_s$时的能量高。这个结果解释了在TEM照片中八瓣畴中两个位错之间距离要偏大,并且(±2)×(±2)型的八瓣畴在试验中非常少见。

5.5　结　论

综上,利用球差校正的高分辨电镜发现了六方锰氧化物$YMnO_3$中存在晶体学禁止的非六次的铁电畴。在介观尺度和原子尺度上都揭示了位错和涡旋核心两种拓扑缺陷之间的相互耦合。刃位错的数量和涡旋的转动方向都会影响拓扑畴的瓣数。因此,不全刃位错的性质,包括柏氏矢量、形成温度、成核位点等,都是涡旋畴对称性的控制核心。如果能够理解和掌握$RMnO_3$材料中铁性序参量的规律,将能够促进该材料的器件化应用。

第6章 氧空位对 $YMnO_3$ 晶体结构和电子结构的影响

6.1 引 言

除了位错以外，氧空位是材料科学领域中另一种常见的缺陷类型，常规的表征手段往往无法观察氧空位的存在和研究氧空位对材料的影响。本章将利用球差校正电镜的高实空间分辨能力和高能量空间分辨能力，通过薄样品在原子尺度上对材料进行更加细致的表征，深化对该材料体系中氧空位的理解，为后续调控氧空位做铺垫。

6.2 概 述

氧空位的研究是凝聚态物理领域中一个经久不衰的话题。在多铁材料中，氧空位广泛存在，而且对材料的多铁特性有着积极或消极的影响。在之前的单相多铁六方锰氧化物材料的研究中，氧空位很少被提及。本章将综合利用透射电子显微镜的知识，系统地研究以 $YMnO_3$ 为代表的六方锰氧化物中的氧缺陷分布，以及对材料整体物理性能的影响。实验结果表明在 $YMnO_3$ 中与 Mn 离子共平面的氧空位更容易形成，而且会对 MnO_5 三角双锥结构产生明显影响，Mn 离子由于面内对称性被破坏会在面内产生位移，从而可能影响到 Mn 离子沿着面内或层间的磁交换相互作用。透射电镜中的电子能量损失谱也探测到面内氧空位的缺失，体现在 O 的 K 边峰的变化。通过对电镜照片中 $YMnO_3$ 单胞铁电极化的定量测量，发现氧空位的引入会削弱局部位置的铁电极化。此外，Mn 离子在面内的移动还会造成衍射斑的改变。实验结果说明 $YMnO_3$ 材料对氧空位还是比较敏感的，通过调节氧空位，可以实现对材料的晶体结构和电子结构的调控。

6.3 背景简介

$YMnO_3$作为一种重要的第一类单相多铁材料，具有铁电、反铁磁、磁弹耦合的特性，在过去的十年间引起了世界上的广泛关注。[135] $YMnO_3$的晶体单胞如图 6.1 所示，在 MnO_5三角双锥三聚过程中，仅氧六面体进行倾转，Mn 离子仍应处于高对称的位置。

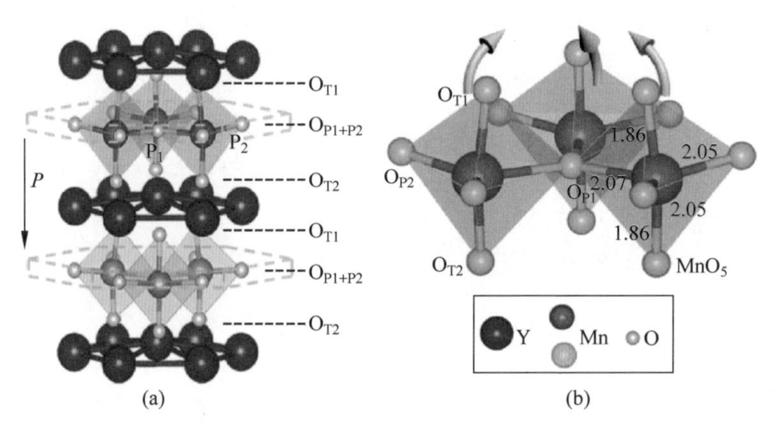

图 6.1 $YMnO_3$的理想原子单胞模型

(a) $YMnO_3$单胞，黄色点画线包围的是 O_P所在的平面；(b) 从(a)图中截取出来的三个相邻的 MnO_5团簇，图中 Mn—O 键长值单位是 Å，黄色箭头代表了 MnO_5团簇的倾转方向

$YMnO_3$还是一类重要的磁弹耦合材料，Mn 离子在单胞内的位置对其磁性有重要的影响，会影响面内以及面间的磁交换作用，从而影响材料整体的磁结构[35]。Mn 离子在六次对称的 $YMnO_3$中构成了二维的自旋阻挫系统(spin frustration system)。Fabrèges 等人在实验中发现，Mn 离子的威科夫位置是大于 1/3 还是小于 1/3 决定了层间磁交换耦合的符号。[136]但是无论是实验还是理论计算，对 Mn 离子在面内的位置都还没有定论。Gibbs 等人认为 Mn 离子在 $YMnO_3$材料中具有最小的中子散射长度，所以位置测不准。[87] Prikockytė 等人认为第一性原理计算也无法准确描述 Mn 离子的位置，因为第一性原理计算都是在 0K 下计算的，而且在计算 Mn 离子的位置时应该考虑非线性磁矩对其的影响[137]。总结得到的不同组报道的 Mn 离子在面内的位置见表 6.1 所示。

表 6.1　不同文献中给出的 Mn 的位置(LSDA+U:局域自旋密度近似)

	理论					实验				
	核壳模型	LSDA+U	室温	1234K	1303K	3K	室温	1000K	室温	室温
Mn 离子位置	0.333	0.334	0.318	0.309	0.333	0.344	0.334	0.352	0.349	0.323
参考文献	[138]	[139]	[140]	[140]	[140]	[34]	[34]	[141]	[142]	[143]

本章利用透射电镜中电子能量损失谱(EELS)配件发现了氧空位的存在,结合 EELS 谱的计算,确认了与 Mn 离子共面的氧空位容易出现。面内氧空位的出现会对 Mn 离子在面内的位置产生影响,使 Mn 离子偏离面内高对称的 1/3 位置。利用球差校正的高分辨电镜,在氧缺陷区和化学计量比区分别得到高分辨照片,定量测量了 Mn 离子在面内的位置,确认了氧空位对 Mn 离子面内位置的影响和对铁电极化的影响。此外,还在氧空位聚集的地方发现了一种新型的衍射斑,即$(1\bar{1}0)$和$(2\bar{2}0)$亮度减弱的情况。通过电子衍射斑的模拟和计算,发现$(1\bar{1}0)$和$(2\bar{2}0)$衍射斑对 Mn 离子在面内位置非常敏感,其出现与消失可以作为一种判断局部样品区内,Mn 离子在面内位置和氧空位含量的简单方法。

6.4　实验结果与讨论

实验中利用的是浮区法生长的 $YMnO_3$ 单晶样品,TEM 样品的制备方法也是传统的切割、砂纸打磨、抛光、凹坑和离子减薄方法。浮区方法生长的 $YMnO_3$ 单晶不可避免地会引入氧空位。在 $YMnO_3$ 六方结构中,如图 6.1 所示,将与 Mn 离子共面的氧称为 O_P(in-plane oxygen),在 MnO_5 多面体顶点位置的氧称为 O_T(on-top oxygen)。根据威科夫位置的不同,可以进一步将 O_P 划分为 O_{P1} 和 O_{P2},将 O_T 划分为 O_{T1} 和 O_{T2}。

透射电子显微镜具有较高的真空度,所以在 TEM 内部是一种还原性环境,再加上电子束的辐照,材料中一些比较轻的元素会逃逸出样品[144]。在 $YMnO_3$ 中,最容易形成的缺陷为氧空位,利用透射电镜中的 EELS 谱,来研究氧空位对过渡金属 Mn 离子的影响[145]。这里使用的是 FEI Titan 80-300 球差校正电镜,配备的是 Gatan 公司 tridium 的 EELS 配件,能量分辨率在 1eV 左右。为了增强信号,实验中选择在衍射模式下采集 EELS 谱,实验结果如图 6.2 所示。在图 6.2(c)中,将 Mn 的 L_3 边高度对齐,在电子

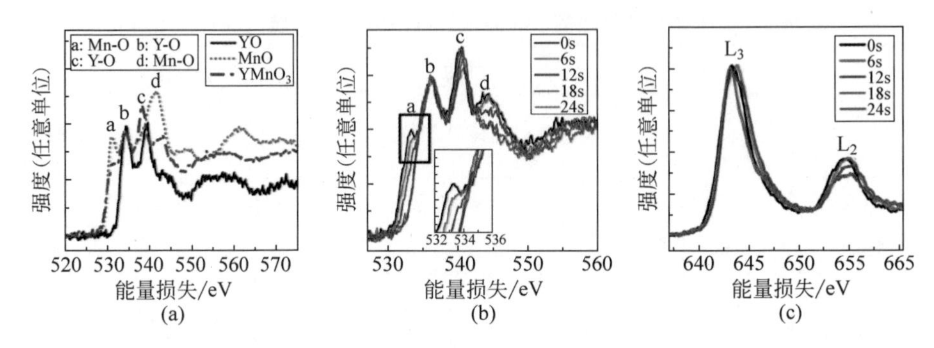

图 6.2 $YMnO_3$的电子能量损失谱实验结果

(a) 单晶 $YMnO_3$，MnO 化合物，YO 化合物的 EELS 谱；(b) 电子束辐照下，24s 内 O 的 K 边的变化，a 和 d 峰逐渐消失；(c) 与 O 的 K 边同时采集的 Mn 的 $L_{2,3}$边

束的辐照下 L_2 峰会逐渐变低，说明 Mn 离子的价态降低，有氧空位产生。与此同时，O 的 K 边也产生了变化，a 峰和 d 峰在电子束的辐照下逐渐消失。将 $YMnO_3$单晶放在通 Ar 气的炉子里，在 1000℃下处理 3 个小时，使材料中产生足够量的氧空位，并将其制备成 TEM 样品。TEM 实验结果表明，Ar 气炉子中烧结过的 $YMnO_3$样品会产生明显的分相，局部区域仅有 Mn-O 化合物[146]，局部区域仅有 Y-O 化合物[147]，分别在两种区域采集 EELS 谱，并且和 $YMnO_3$单晶材料的 EELS 谱 O-K 边的 b 峰进行对齐。根据峰位判断，在 Mn-O 区采集的 EELS 谱仅有 a/d 峰，在 Y-O 区采集的 EELS 谱仅有 b/c 峰。通过对比 $YMnO_3$单晶、Mn-O 区和 Y-O 区的 O-K 边，发现 $YMnO_3$中 O 的 K 边四个峰具有不同的含义。a 峰和 d 峰代表了 Mn-O 之间的杂化，b 峰和 c 峰代表了 Y-O 之间的杂化。所以在电子束的辐照下，a 峰和 d 峰的消失，代表了 Mn-O 之间杂化的变弱。b 峰和 c 峰在电子束辐照下变化比较微弱，说明产生的氧空位对 Y-O 之间的杂化影响很小。Mn 与周围五个氧形成 MnO_5结构，Y 与周围八个氧形成 YO_8结构，其中 Mn 与 O_p的键长较长，Mn 与 O_T的键长较短；Y 与 O_T键长较短，与 O_P键长较长[141]。总之，O_T和 Y 和 Mn 离子的键长都相对较短，O_P与二者键长都相对较长。根据固体理论中经典的哈里森定律(Harrison's rule，O 的 $2p$ 轨道和 Mn 的 $3d$ 轨道之间的杂化强度反比于键长的 7 次方)，键长越长，杂化越弱。相比而言，O_P与 A、B 位原子杂化弱，氧空位容易形成。

利用商业软件 FEFF9 来计算 O 的 K 边谱，得到的结果如图 6.3 所示[148]。这里分别计算了四种不同威科夫位置的氧离子(O_{T1}，O_{T2}，O_{P1}，O_{P2})

对 EELS 谱的贡献,并且根据不同氧的含量加权计算了总的 EELS 谱。由于实验中的 EELS 谱的能量分辨率大概在 1eV,在计算的 EELS 谱上卷积了一个 1eV 宽度的高斯函数[149]。总的 EELS 谱展示在图 6.3(a)中,可以观察到 4 个峰,和实验中得到的 EELS 谱非常接近。图 6.3(b)和(c)展示了 O_{P1} 和 O_{P2} 对 EELS 谱的贡献,主要贡献的是 a 和 d 峰。图 6.3(d)和(e)展示了 O_{T1} 和 O_{T2} 对 EELS 谱的贡献,主要贡献的是 b 和 c 峰。在实验中观察到 a 峰和 d 峰的逐渐消失,说明了样品在电子束的辐照下,产生了 O_P 类型的氧空位。

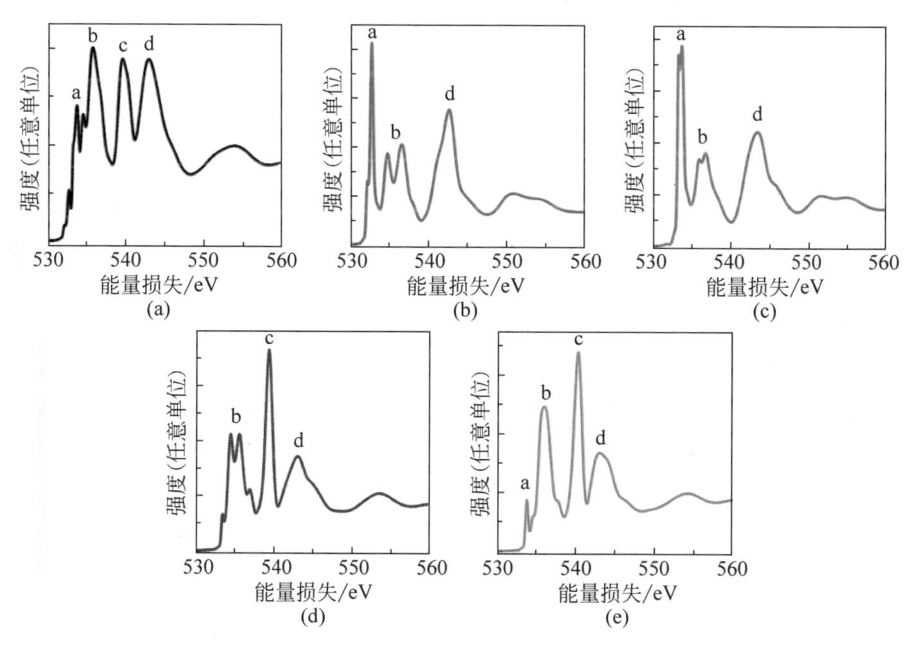

图 6.3　计算得到的 EELS 谱结果

(a) 完美 $YMnO_3$ 单胞 EELS 谱的 O-K 边;(b) O_{P1};(c) O_{P2};(d) O_{T1};(e) O_{T2} 的 K 边结构

为了进一步确认 EELS 谱的实验结果,还构建了四种具有不同氧空位位置的原子单胞(每种单胞仅含一个氧空位),利用第一性原理计算,对单胞内所有原子位置进行弛豫。使用优化好的具有氧空位的单胞来计算总的 EELS 谱,计算结果如图 6.4 所示。计算结果表明,当构建 O_{P1} 和 O_{P2} 空位时,EELS 谱中 a 峰会消失,d 峰会削弱,当构建 O_{T1} 和 O_{T2} 空位时,a 和 d 峰保持基本一致,计算结果与实验结果吻合。

氧空位除了对材料的电子结构产生影响,还会对材料的晶体结构产生影响。与 Mn 离子共平面的氧产生空位,会导致 MnO_5 晶体场被破坏,Mn

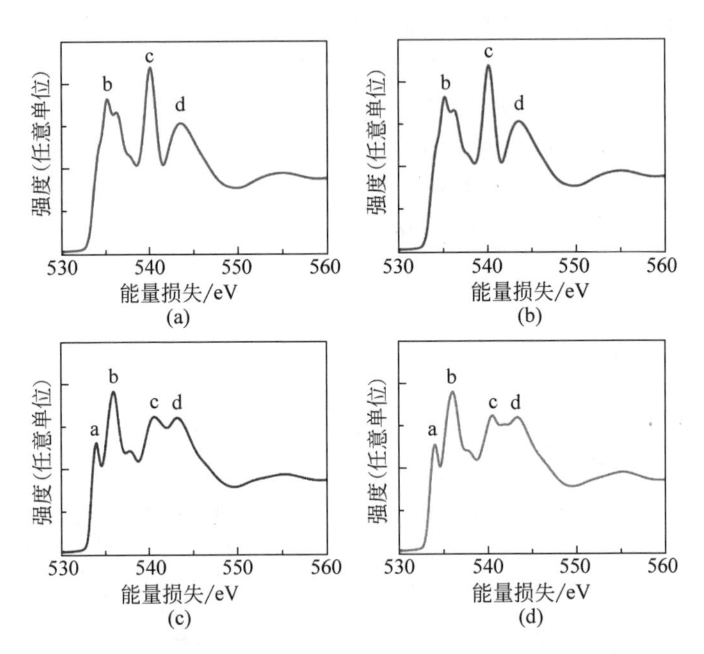

图 6.4 在 $YMnO_3$ 单胞中构建不同位置氧空位,计算得到的总体的 EELS 谱

(a) O_{P1} 空位; (b) O_{P2} 空位; (c) O_{T1} 空位; (d) O_{T2} 空位

离子在面内所受的力不均匀,会产生面内方向的位移。图 6.5 为利用高分辨透射电子显微学中的负球差成像技术,在化学计量比区和氧空位区分别得到的高分辨照片,可以用来定量测量氧空位对 Mn 位置的影响。[150, 151] 负球差成像时,原子是在黑色的背底上展示亮的衬度,而且能够实现皮米级的测量精度。这些高分辨照片都是在[110]带轴上获得,因为这个带轴可以很好地观察到 Y 离子的铁电极化。在高分辨照片上,具有上下位移的是 Y 离子,在同一行却没有沿着上下方向位移的是 Mn 离子。为了简化,这里均分析铁电单畴区域的照片,铁电极化方向均为向上。利用商业软件 MacTempasX 对 TEM 照片进行图像模拟,拟合得到图像的欠焦值为 6nm,样品厚度为 3nm。[41] 氧原子由于与其他重原子距离太近,在这两张高分辨照片中成像均不清晰,这也和像模拟的结果一致。利用高斯拟合来寻找每个原子的位置,可以定量测量 Mn 离子在面内的位置。图 6.5(a)和(d)分别展示了近化学计量比区和氧空位区的高分辨照片,直观感觉两张照片非常相像,但是定量测量两张图中 Mn 离子在面内的位置,发现两张图有明显的区别,结果如图 6.5(b)和(e)所示。图 6.5(b)的颜色比图 6.5(e)中的颜

色更加均匀，也就是说 Mn 离子在近化学计量比区更倾向于分布在高对称的位置，从而证明了面内氧空位会影响 Mn 离子在面内的位置。Mn 离子在面内的位置会影响材料的磁构型，所以可以推断在样品的不同区域，氧空位的分布情况不同，局域的磁构型也随之而不同。

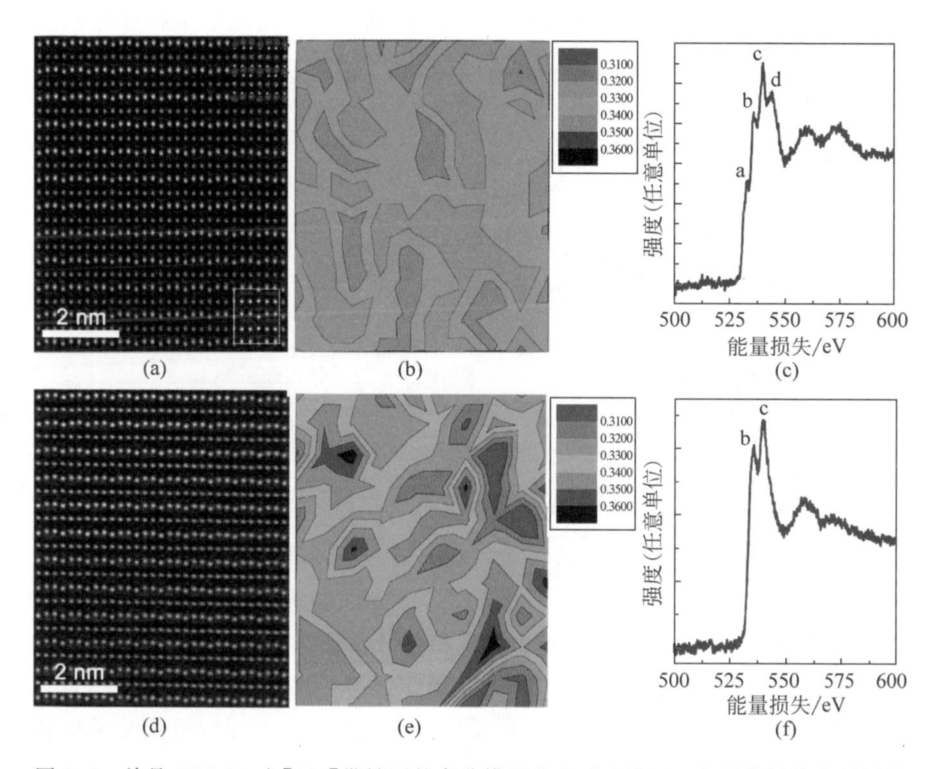

图 6.5 单晶 $YMnO_3$ 在[110]带轴下的高分辨照片和对应的 Mn 离子位置的定量测量

(a) 近化学计量比的区域采集电镜照片；(b) 从图(a)中计算得到的 Mn 在面内的分布结果，不同的颜色代表 Mn 离子偏离 1/3 高对称性位置的不同；(c) 与图(a)对应的 EELS 信号；(d) 氧空位较多区域的高分辨照片；(e) 从图(d)中计算的 Mn 离子的位置偏移情况；(f) 图(d)所在区域的 EELS 谱的结果

在高分辨照片中，除了测量 Mn 离子的位置，还能定量测量 Y 离子的极化位移值，从而计算出铁电极化强度[152]

$$P_s = (\sum Z_i^* \delta_i)/V = (3.6e/V)\sum \frac{\delta}{2} = 0.15\delta(\mu\text{C} \cdot \text{cm}^{-2}\text{pm}^{-1}) \tag{6-1}$$

式中：P_s是单胞内的铁电极化值；Z_i^* 是单胞内每个离子的波恩有效电荷，在 $YMnO_3$ 中，对铁电极化有贡献的只有 Y 离子，根据 DFT 的计算结果，

Y 离子的波恩有效电荷是 3.6e[32]；δ_i是 Y 离子相对于其顺电相时的离子位移，是图 6.6(a)中的 δ 的一半；V 是单胞体积。利用高斯寻峰的方法确定了所有 Y 离子的位置，然后计算 δ 值的大小。[87] 在图 6.5 中，每行有 10 个 $YMnO_3$单胞，可以逐行计算铁电极化值，计算的结果如图 6.6(b)所示。在氧空位较多的地方，铁电极化值减小到块体值的 2/3，所以氧空位的形成会降低 $YMnO_3$材料的铁电性。

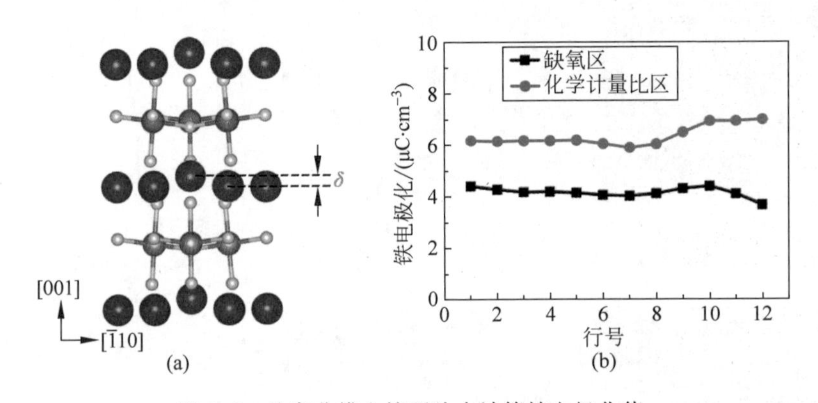

图 6.6　从高分辨电镜照片中计算铁电极化值

(a) [110]带轴下 $YMnO_3$六方晶体模型；(b) 从图 6.5(a)和(e)中计算得到的铁电极化值

尽管氧空位会减小材料的铁电值，但是这里仍然能观察铁电位移。在典型的单晶 $YMnO_3$ 材料中，Mn 离子位于 MnO_5 六面体的中间，而不是 MnO_6 八面体，所以 $YMnO_3$ 不具有杨-泰勒效应。由于晶体场的作用，Mn 的 3d 轨道分裂为 $e_{1g}(zx/yz)$，$e_{2g}(xy/x^2-y^2)$和 $a_{1g}(z^2)$。[33] 最低的 d 轨道 e_{1g}非常局域化，中间的轨道 e_{2g}最弥散，最高的轨道 a_{1g}又是非常局域化，这和一般的情况不一样[153]。在这个结构中，沿着 z 方向 O—O 距离非常长，相互作用非常弱，从而限制了能带宽度。材料的整体导电性是由 e_{2g}态决定的。氧空位导致的电子掺杂会占据 z^2 态，不会影响材料整体的导电性。尽管在材料中有氧空位形成，$YMnO_3$ 的导电性仍然很低，铁电性仍然能保持。$YMnO_3$ 中的氧空位会导致 Mn^{2+} 和 Mn^{3+} 共存，从而产生 Mn 离子的高自旋态。

为了进一步确认氧空位会导致 Mn 离子在面内产生移动的现象，在[001]带轴下也采集了高分辨电镜照片。$YMnO_3$ 显示了六次对称特性，图 6.7(a)展示了在化学计量比区 Mn 离子的位置。在 30s 的强电子束辐照后，采集另一张高分辨照片，如图 6.7(c)所示，并且定量比较了两张照片中

Mn离子的位置。通过对高分辨照片进行了像模拟，得知样品的厚度为2nm，样品的欠焦值为3nm。正如在前文讨论的那样，氧空位会显著影响Mn离子在面内的位置。

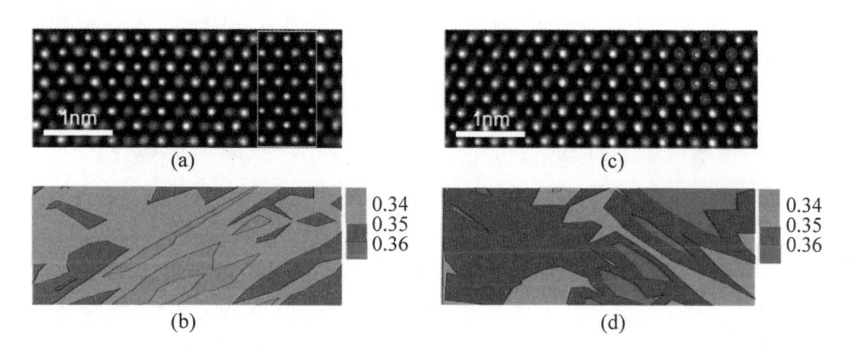

图6.7　[001]带轴下单晶 $YMnO_3$ 的高分辨照片，以及对应Mn离子位移的测量
(a) 在接近化学计量比的区域采集的高分辨照片；(b) 根据图(a)计算得到的Mn离子位移，不同的颜色代表Mn离子偏离1/3的不同；(c) 电子束辐照后采集的高分辨照片；(d) 从图(c)中计算的Mn离子的位移

氧空位会影响Mn离子在面内的位置，会将其由高对称的1/3威科夫位置变为低对称的位置，对称性的改变往往会引起衍射斑的变化。实验中在[110]方向 $YMnO_3$ 透射电镜样品中发现电子衍射斑会随着氧空位的含量不同而产生明显变化，实验结果如图6.8(a)和(c)所示。两者最大的区别在于 $(1\bar{1}0)(\bar{1}10)/(2\bar{2}0)(\bar{2}20)$ 这几个低阶衍射斑的出现与消失(为了后文描述简便，仅提到在透射斑同一侧的两个衍射斑 $(1\bar{1}0)$ 和 $(2\bar{2}0)$，在图6.8(a)～(d)中用白色箭头表示)，其亮度曲线分别展示在图中。在[001]方向的透射样品中，在不同氧含量区域也观察到了相应指数的衍射斑出现与消失，如图6.8(b)～(d)。图6.8(a)～(b)展示的衍射图样比较常见，可以称之为常规衍射图样，具有这种衍射斑的区域称之为正常区[154, 155]；图6.8(c)～(d)衍射图样比较少见，可以称之为反常衍射图样，其对应的区域为反常区。在衍射理论中，衍射斑的消失对应着某种结构有序，所以反常区对应 $[1\bar{1}0]$ 方向产生了有序结构。在 $YMnO_3$ 单胞中，仅有Y/Mn/O三种元素，Y原子仅朝着 c 方向运动产生铁电极化，对 $[1\bar{1}0]$ 方向的有序结构没有影响，各种类型的氧空位也不诱导Y原子在 $[1\bar{1}0]$ 方向产生位移；氧原子由于结构因子小，对所有衍射斑几乎都无贡献；所以这些衍射斑的出现与消失应该与Mn

离子在面内的位置有关。通过前面的简单分析，可以知道 O_P 比 O_T 更容易缺失，O_P 的缺失会破坏 MnO_5 配位场，Mn 离子在面内受力不均，从而使 Mn 离子产生面内方向的移动。

构建具有不同 Mn 离子面内位置的单胞，利用 MactempasX 商业软件进行选区电子衍射的模拟，发现$(1\bar{1}0)(2\bar{2}0)$两个衍射斑对 Mn 离子在面内的位置非常敏感。当 Mn 离子位于 1/3 位置时，$(1\bar{1}0)(2\bar{2}0)$衍射斑强度不可见，当 Mn 离子稍微偏离 1/3 位置时，两个衍射斑就会出现。图 6.8(e)～(f)的衍射模拟结果是基于 Mn 离子位于 0.318 的位置的单胞得到的，图 6.8(g)～(h)的模拟结果是基于 Mn 离子位于 0.333 位置得到的。当 Mn 离子位于 1/3 位置时，在$[1\bar{1}0]$方向上 Mn 离子是均匀分布的，有序程度增高，所以衍射斑会减少。可以将$(1\bar{1}0)(2\bar{2}0)$两个衍射斑是否出现看成是 Mn 离子在面内位置的指示器，又因为 Mn 离子在面内的位置受到氧空位的影响，所以这两个衍射斑也是局部氧空位含量的指示器。

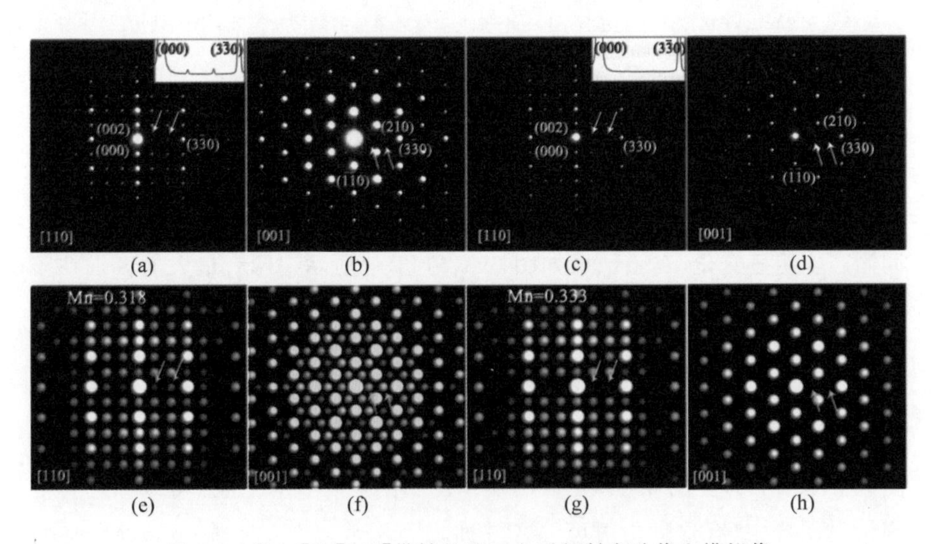

图 6.8 [110]和[001]带轴的选区电子衍射实验像和模拟像

(a)、(b) 有氧空位区域，Mn 离子偏离 1/3 位置的选区电子衍射图片；(c)、(d) 近化学计量比区的选区电子衍射斑；(e)、(f) Mn 离子在 0.318 位置单胞模拟的电子衍射的图片；(g)、(h) 当 Mn 离子在 1/3 高对称位置的模拟的电子衍射图片

在电子衍射的基本理论中，衍射斑的强度正比于结构因子的平方。这里构建了一系列具有不同 Mn 离子面内位置的单胞，计算$(1\bar{1}0)(2\bar{2}0)$两个衍射斑结构因子的规律，结果如图 6.9 所示。Mn 离子位于 0.333 威科夫

位置时,$(1\bar{1}0)(2\bar{2}0)$两个衍射斑的结构因子均为最小值,偏离高对称位置以后,结构因子有明显变大,这和之前的实验结果是吻合的。

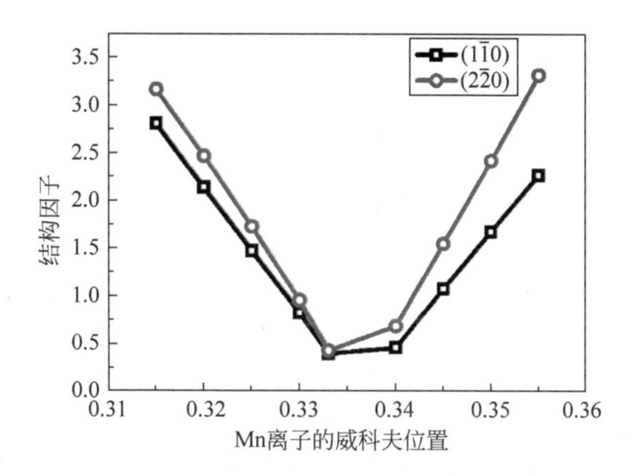

图 6.9　计算得到的$(1\bar{1}0)(2\bar{2}0)$两个衍射斑的结构因子随着 Mn 离子在面内的位置的变化关系,当 Mn 离子位于 0.333 时,$(1\bar{1}0)(2\bar{2}0)$两个衍射斑结构因子为最小值

为了防止实验观察到的衍射斑强度降低的现象是由于衍射动力学消光导致的假象,利用第 4 章中阐述的 Howie-Whelan 方程来计算$(1\bar{1}0)$和$(2\bar{2}0)$两个衍射斑强度随着样品厚度的变化情况,结果如图 6.10 所示。衍射斑实验像的获得是使用 FEI G20 电镜,所以进行衍射动力学计算时也采用 200kV 模式。这两个衍射斑在相当厚的范围内,均无消光现象,所以其

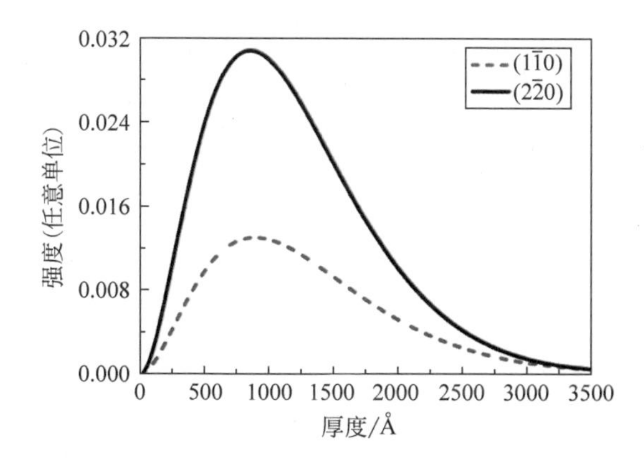

图 6.10　Howie-Whelan 方程计算的$(1\bar{1}0)$和$(2\bar{2}0)$两个衍射斑强度随着样品厚度的变化情况

可见和不可见仅与自身的结构相关，与样品厚度无关。而且$(2\bar{2}0)$衍射斑的强度大于$(1\bar{1}0)$，这和实验结果是一致的，在图6.8(a)中的小图，也可以观察到$(2\bar{2}0)$强度大于$(1\bar{1}0)$。

6.5　结　　论

综上所述，本章讨论了$YMnO_3$中广泛存在的氧空位如何影响材料中的晶体结构和电子结构。电子能量损失谱的结果表明，电子束的辐照会加速材料中氧空位的形成，通过EELS谱的对比，能够识别O-K边中不同峰位的含义。结合计算得到的EELS谱，发现O_P空位相对于O_T空位更容易形成。O_P空位还会诱导Mn离子沿着面内发生位移，并且削弱了Y离子的铁电极化位移。该结果能够较好地解释前人测定的互相矛盾的Mn离子位置的结果：在无氧空位的情况下，Mn离子处于高对称的位置；有氧空位的情况下，会破坏MnO_5配位场，Mn离子沿着面内产生位移。因而材料本身的二维自旋阻挫体系有可能被破坏，可能诱导出新的磁态。利用选区电子衍射花样对局域空间对称性敏感的特性，发现$(1\bar{1}0)$和$(2\bar{2}0)$衍射斑与Mn离子在面内的位置紧密关联。衍射动力学模拟结果表明这两个衍射斑在相当的厚度范围内不存在消光，所以其出现与不出现仅与结构有序程度相关。Mn离子在1/3处对应的结构有序程度是最高的，而且此时氧空位含量较少，材料区域更接近化学计量比。所以可以利用这两个衍射斑的存在与消失，来判断局部区域的Mn离子在面内的位置，从而推测局部区域的氧空位含量。

第7章　面外氧空位诱导 $YMnO_3$ 薄膜中铁磁性

7.1　引　言

在第6章中，利用负球差校正的高分辨电子显微学，电子能量损失谱等手段综合分析表征了氧缺陷在 $YMnO_3$ 材料中的作用及影响。基于第6章对氧空位缺陷的理解，在本章中主要论述如何对氧空位实现调控，从而诱导出一些新奇的电学或磁学性质。

7.2　概　述

在单一材料中同时实现电和磁性质的相互调控是人们一直以来的愿望。单相多铁材料在自然界中本来就少，而且为数不多的材料都是反铁磁性，宏观不显示净磁矩，无法作为器件材料。目前人们研究多铁材料时，多集中于研究材料的本征性质，而忽略了材料中广泛存在的缺陷结构。本章将系统地阐述氧空位对 $YMnO_3$ 单相多铁材料磁结构的影响。从第一性原理计算结果可以知道轴向位置的氧空位能够在 $YMnO_3$ 薄膜中诱导出沿着 c 轴的净磁矩。为了实现轴向氧空位，将 $YMnO_3$ 薄膜生长在能够提供大的面内压应变的 Al_2O_3 单晶基底上。后续的结构表征和性能测量结果均表明，受到面内压应变的 $YMnO_3$ 薄膜中产生了铁磁性，从而实现了单相多铁材料中的铁电-铁磁耦合，这对多铁材料的器件化应用大有帮助。

7.3　背景简介

六方稀土锰氧化物作为一种有应用前景的多铁材料，吸引了世界上诸多研究组的关注。[98, 101, 156] $YMnO_3$ 就属于六方稀土锰氧化物，具有室温下的铁电性（居里温度为900K）和低温下的反铁磁性（尼尔温度为70K）。[87, 157, 158] $YMnO_3$ 是研究 Mn^{3+} 磁性行为的绝佳体系，因为A位的 Y^{3+} 没有磁性。Mn^{3+} 在二维空间内排布成为三角格子，是经典的自旋阻挫体系。[136]一般而言，Mn^{3+}构成的非共线自旋序可以有八种构型（$\Gamma_1\sim\Gamma_8$），其中$\Gamma_1\sim\Gamma_4$的能量最低（$\Gamma_1\sim\Gamma_4$的自旋构型如图7.1(e)～(h)所示）。[159]如表7.1所示，在$YMnO_3$中，Γ_1，Γ_3，Γ_4三种磁构型被实验发现或理论证实，但是这三种构型中哪种是$YMnO_3$的磁基态，目前仍存在争议。$\Gamma_1\sim\Gamma_4$四种磁构型中，只有Γ_2构型可以导致沿着c轴的净磁矩。如果想在$YMnO_3$中实现铁磁性，则需要调制出Γ_2磁构型，但是现有的结果表明在单晶材料中没有发现Γ_2磁构型。

表7.1 不同文献中报道的$YMnO_3$的自旋构型

磁构型	Γ_3	Γ_3中混有少量Γ_4	Γ_1
实验或理论方法	DFT，SHG	ND	ND
参考文献	[159，160]	[161-163]	[136，164，165]

注：DFT：密度泛函计算；SHG：二次谐波发生；ND：中子衍射

对于不同组报道的互相矛盾的磁构型，其产生原因可能是材料中的缺陷结构。氧空位是材料中最常见的缺陷结构之一，利用浮区法生长的单晶$YMnO_3$中会不可避免地产生氧空位，因为材料在制备过程中会经历惰性气氛。利用密度泛函计算，可以构建$YMnO_3$材料中氧空位和磁结构之间的关系。计算结果表明，不同位置的氧空位可以改变材料的磁基态，可以在不同程度上诱导净磁矩的产生，从而能够解释不同组报道的互相矛盾的磁性结果。[136，159-165]通过引入轴向的氧空位，可以在材料体系中实现稳定的铁磁态。在理论计算的指导下，将$YMnO_3$生长在有较大晶格不匹配的基底上，发现较大的面内压应变的确会导致轴向氧空位，从而诱导出薄膜中的净磁矩。

图7.1(a)展示了六方$YMnO_3$的单胞结构，图示的单胞具有向下的铁电极化方向[166]。根据$YMnO_3$的晶体结构，尤其是MnO_5配位场的晶体结构，氧离子可以被划分为面内氧O_P和顶点氧O_T，面内氧和Mn离子共面，顶点氧处于MnO_5配位场的上下顶点位置。又根据氧的威科夫位置不同，面内氧O_P可以继续分为O_{P1}和O_{P2}，顶点氧O_T可以分为O_{T1}和O_{T2}。根据固体理论中经典的哈里森定则（Harrison's rule），p轨道和d轨道电子之间的杂化强度反比于键长的七次方（$|V_{pd}|^2\propto d^{-7}$），键长越长，杂化越弱[33，136]。因此考虑到键长关系（如图7.1(b)～(d)所示），$YMnO_3$单晶材料中，面内氧空位比顶点氧空位更容易形成。

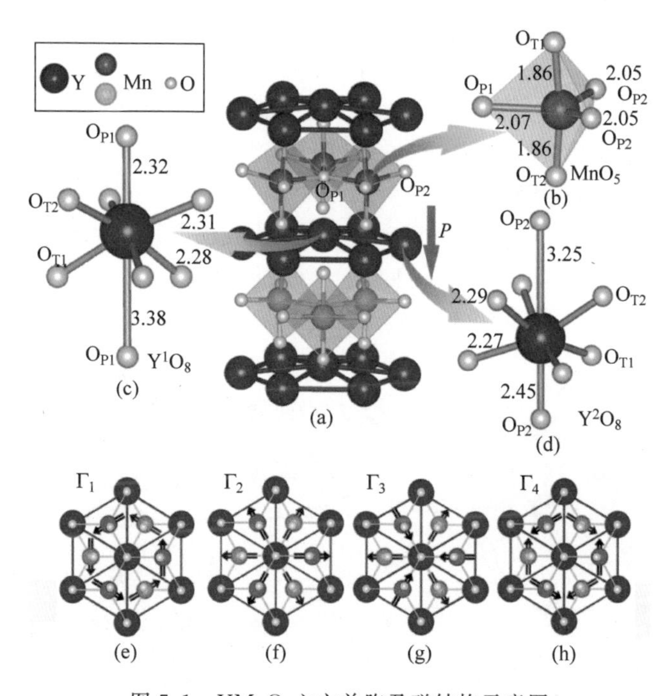

图 7.1　$YMnO_3$ 六方单胞及磁结构示意图

(a) $YMnO_3$ 单胞；(b) MnO_5 团簇结构；(c)、(d) YO_8 团簇结构，包括 Y^1O_8 和 Y^2O_8，图中键长的单位是 Å；(e)～(h) 四种低能态非共线磁构型（Γ_1～Γ_4）示意图，Mn 离子位置上的箭头代表了自旋方向

7.4　课题研究主要内容

7.4.1　理论计算

首先，通过非共线的密度泛函理论计算来研究氧空位位置和磁构型之间的关系，计算采用的是 30 个原子构成的 $YMnO_3$ 超单胞（如图 7.1(a)所示），在单胞中分别拿掉不同位置的氧（O_{P1}，O_{P2}，O_{T1}，O_{T2}），然后利用非共线第一性原理计算弛豫后的单胞晶体结构和磁结构，计算结果如图 7.2 所示。根据计算结果，对于满足化学计量比的完美单胞，Γ_3 是其最稳定的自旋构型，和 Solovyev 等人计算的结果一致。[159] Γ_4 和 Γ_3 的能量也非常接近，每个 $YMnO_3$ 最小单胞的能量差别为 0.037meV，也就是说 Γ_4 在某些温度条件下也可以实现。对于含有不同位置氧空位的晶体结构，其稳态磁构型也不相同，相对的能量差别如表 7.2 所示。表格中的能量参考点为具有 Γ_3 构型的

O_{P2}氧空位的情况。具有Γ_3构型的O_{P2}空位能量相对于具有Γ_3构型的完美单胞能量差别为1.35eV。从表中可知，O_{T1}和O_{T2}的空位形成能要高于O_{P1}和O_{P2}，所以面内氧空位容易形成。在这些结果中，O_{P2}空位对应的Γ_3构型具有最低的能量值，所以O_{P2}空位最容易形成，在形成此空位时，材料的磁构型并未改变。又因为O_{P1}空位对应的Γ_1构型能量也比较低，所以在试验中，Γ_1，Γ_3，Γ_4三种磁构型均有可能出现，这也就解释了不同研究组为何会对$YMnO_3$材料测出不同的磁构型。不巧的是这三种构型均不会促使体系中出现净磁矩。

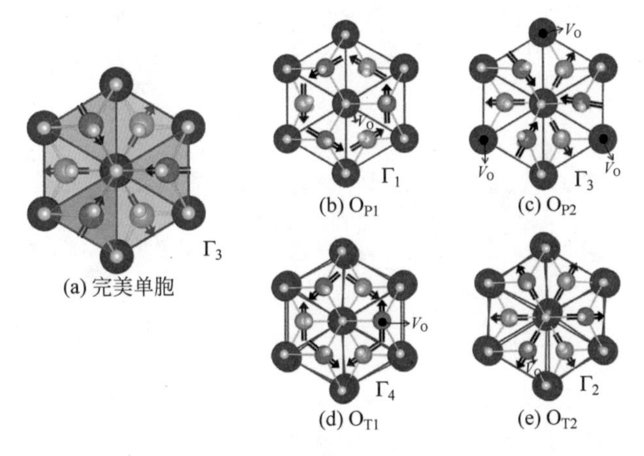

图7.2 第一性原理计算得到的不同氧空位情况对应的最稳态磁构型

(a)完美单胞对应最稳态磁构型为Γ_3，每个Mn离子上的黑色箭头代表该Mn离子的自旋方向；(b)~(e)分别为O_{P1}，O_{P2}，O_{T1}，O_{T2}空位情况对应的最稳态磁构型，氧空位位置用短黑色箭头表示

表7.2 表中的能量值均基于含有O_{P2}氧空位的单胞，名义化学式为$YMnO_{(3-1/6)}$

氧空位位置	O_{P1}(Γ_1)	O_{P2}(Γ_3)	O_{T1}(Γ_4)	O_{T2}(Γ_2)
能量/meV	0.527	0	135.71	157.44

表7.3展示了不同氧空位情况下分别对应的Γ_1~Γ_4四种自旋构型的能量值和磁矩。磁矩已经平均到每个Mn离子，能量值平均到每个$YMnO_3$最小单胞。每行显示的能量值均为相对于该氧空位对应最稳态磁构型的能量值。和前文分析的一样，对于完美单胞和面内氧空位的单胞，Γ_1，Γ_3，Γ_4三种磁构型均没有净磁矩，对应的Γ_2磁构型有0.7~0.9μ_B的磁矩。当形成O_{T2}空位时，Γ_2为最稳态的磁构型，但是由于O_{T2}的空位形成能太高，所以在实验中从未发现Γ_2磁构型。当O_{T2}出现空位时，每个Mn离子会沿着面外

有13°的倾转，每个单胞会有0.928μ_B的净磁矩。一般而言，由于对称性的限制，Γ_4磁构型不应当产生净磁矩，但是计算表明O_{T1}空位对应的Γ_4磁构型具有沿着c轴的弱磁性，主要原因是氧空位导致的对称性破缺，其磁性也是来源于Mn离子沿着面外的倾转。因此，O_{T1}和O_{T2}空位均会诱导$YMnO_3$出现沿着空间c轴的净磁矩。

表7.3 密度泛函计算的不同氧空位类型不同磁构型的能量和对应的磁矩

单胞类型	Γ_1		Γ_2		Γ_3		Γ_4	
	能量/meV	磁矩/μ_B	能量/meV	磁矩/μ_B	能量/meV	磁矩/μ_B	能量/meV	磁矩/μ_B
完美单胞	0.212	0.000	0.422	0.725	0	0.000	0.037	0.000
O_{P1}	0	0.001	0.257	0.901	0.365	0.001	0.715	0.001
O_{P2}	0.552	0.001	0.507	0.893	0	0.001	0.262	0.001
O_{T1}	1.652	0.000	1.112	1.325	0.652	0.187	0	0.262
O_{T2}	0.417	0.000	0	0.928	0.165	0.009	0.505	0.002

7.4.2 $YMnO_3$薄膜生长和表征

O_T空位在单晶$YMnO_3$中的形成能比较高，可以利用哈里森定则，通过增加Mn—O_T的键长或减小Mn—O_P的键长来实现O_T空位。可以尝试将$YMnO_3$生长在提供较大面内压应变的Al_2O_3基底上，诱导出材料中的铁磁性。这里选用c-Al_2O_3（PDF＃10-0173，$R\bar{3}c$，晶格常数为$a=b=4.76$Å，$c=12.99$Å）作为基底，将$YMnO_3$（PDF＃25-1079，$P6_3cm$，晶格常数为$a=b=6.14$Å，$c=11.40$Å）生长为薄膜，基底和薄膜之间存在较大的错配，基底能够给薄膜提供较大的面内压应变。在这样的体系中，可以产生O_T空位，并且实现铁磁性。

这里利用脉冲激光沉积系统将$YMnO_3$薄膜外延生长在c-Al_2O_3单晶基底上，激光源为KrF，波长为248nm，激光能量密度为2.5Jcm^{-2}，脉冲重复速率为10Hz。靶材选用的是高密度、单相、复合化学计量比的$YMnO_3$陶瓷。$YMnO_3$薄膜优化的生长工艺为生长温度900℃，氧分压为110mTorr。生长完的薄膜在900℃、200mTorr的氧分压下退火15min，然后以6℃/min的速率降温到室温。这样的薄膜体系中含有适量的氧空位，并且薄膜质量较高。实验中利用能量色散谱仪（energy dispersive spectrometer，EDS）和

X 射线光电子能谱(X-ray photoelectron spectroscopy，XPS)探测其中的氧空位含量，Y∶Mn∶O=1∶1∶2.8，说明材料中存在氧空位。

有文献报道由于 $YMnO_3$ 和 Al_2O_3 之间存在较大的晶格错配，只能实现 $YMnO_3$(110)//Al_2O_3(001)的生长。[167, 168]然而，根据测量的 X 射线衍射的结果(如图 7.3 所示)，薄膜中实现了 $YMnO_3$(001)//Al_2O_3(001)生长，$YMnO_3$保持很好的六方相结构。在图 7.3(a)的小插图中，$YMnO_3$(002)峰的半高宽为 0.18°，表明薄膜具有较高的质量。此外，该峰相对于 PDF 卡片中的峰位向右移动，说明 $YMnO_3$ 薄膜中的 c 轴长度变短。

为了研究薄膜和基底之间在面内的取向关系，可以利用 X 射线衍射对 $YMnO_3/Al_2O_3$ 系统进行 ϕ 扫描，如图 7.3(b)所示。$YMnO_3$(112)面显示了六次对称性，而且 $YMnO_3$[110]//Al_2O_3[110]。ϕ 扫描结果显示 $YMnO_3$(112)面半高宽为 6°，说明薄膜为了释放面内压应变，具有小幅的面内倾转。

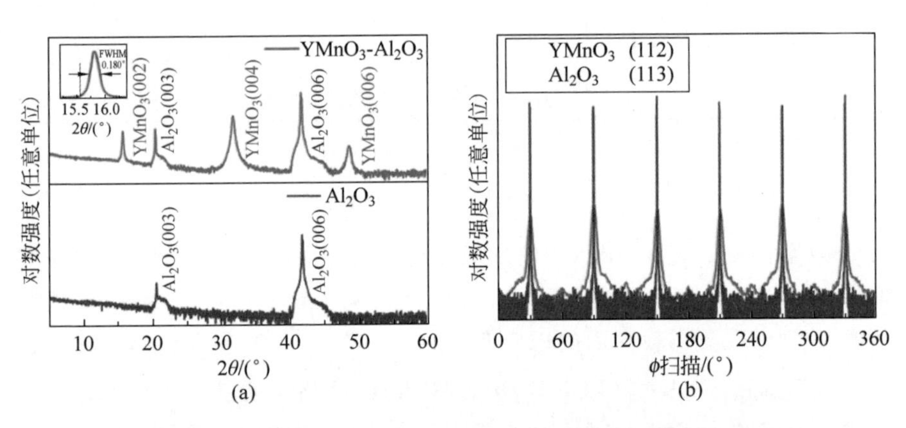

图 7.3 Al_2O_3基底上生长 $YMnO_3$薄膜的 X 射线衍射测量结果

(a) 上面小图显示了 $YMnO_3$薄膜和 Al_2O_3基底的 $\theta\sim2\theta$ 扫描结果；(b) $YMnO_3$(112)和 Al_2O_3(113)峰离轴 ϕ 扫描的结果

图 7.4(a)从[001]方向展示了薄膜和基底之间的取向关系。理论上讲，$YMnO_3$受到基底提供的−22.5%的压应变。当薄膜和基底之间的错配度小于 5%时，基底提供的应变主要在界面处释放，应变值会随着与界面的距离增大而减小。在这种应变较大的情况下，薄膜中的应变倾向于通过面内转动来释放，如图 7.4(b)所示。正如经典的 ZnO(PDF＃36-1451，$P6_3cm$，点阵常数 $a=b=3.25$Å，$c=5.21$Å)薄膜生长在 Al_2O_3(PDF＃10-0173，$R\bar{3}c$，点阵常数 $a=b=4.76$Å，$c=12.99$Å)基底上的情况，如果

ZnO[100]//Al_2O_3[100]，则点阵失配为 31.69%，如果 ZnO 相对于 Al_2O_3 发生面内的 30°转动，则点阵失配将会变为 18.4%。[169] 对于发生面内转动的部分，基底和薄膜之间没有晶格匹配关系，薄膜和基底之间为无公度结构，薄膜可以有效地释放面内压应变。

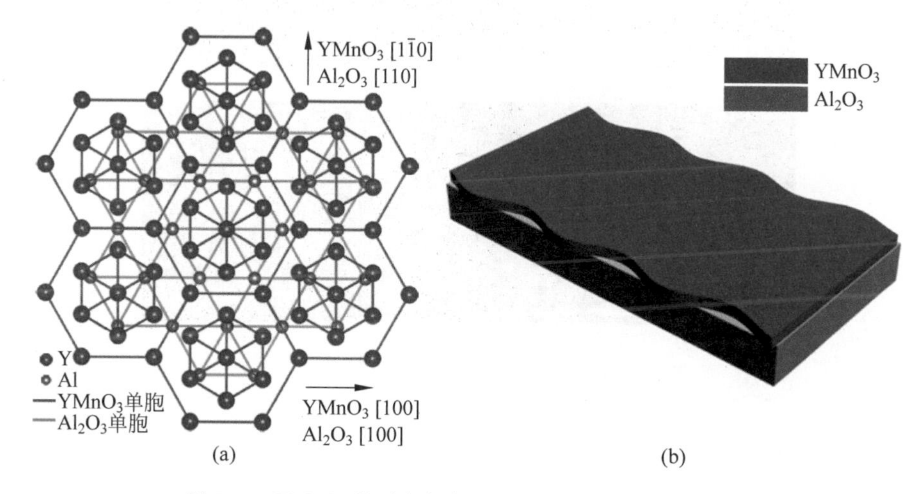

图 7.4　$YMnO_3$ 外延生长在 Al_2O_3 基底上的模型示意图

(a) 图中展示了 $YMnO_3$ 和 Al_2O_3 之间的晶体取向关系；(b) 3D 模型展示了 $YMnO_3$ 薄膜由于受到基底的压应变而导致的弯曲行为

下面利用透射电镜中的选区电子衍射技术来研究 $YMnO_3$ 薄膜和 Al_2O_3 基底之间的外延匹配关系。该衍射斑是利用 FEI G20 透射电镜获得的。实验结果与前面所述的 ϕ 扫描结果一致，图 7.5(a)说明了 $YMnO_3$[110] 带轴平行于 Al_2O_3[110]带轴，薄膜和基底的面内方向和水平方向分别平行。图 7.5(b)和(c)分别显示了 $YMnO_3$ 和 Al_2O_3 在[110]带轴的衍射斑，相应的面指数也标注在图中。图 7.5(d)中显示了与[110]带轴成 30°夹角的[$\bar{1}$10]带轴下薄膜和基底交界处的衍射斑，薄膜和基底的面内方向和面外方向分别平行。该结果也说明了 $YMnO_3$ 薄膜仍然保持了 $P6_3cm$ 的空间群。

$YMnO_3$ 薄膜中的组分是通过 X 射线光电子能谱来测量的。XPS 技术被广泛用来测量室温下材料表面组分和价态。图 7.6(a)展示了 $YMnO_3$ 薄膜中的 XPS 全谱实验结果，Y、Mn 和 O 的成键能可以在图中被标识出来。为了得到 Mn 离子的价态，实验中仔细测量了 Mn 的 $2p$ 和 $3s$ 峰。如图 7.6(b) 所示，在 Mn 离子的 $2p$ 谱中，642eV 和 653eV 的两个峰位分别对应着 Mn

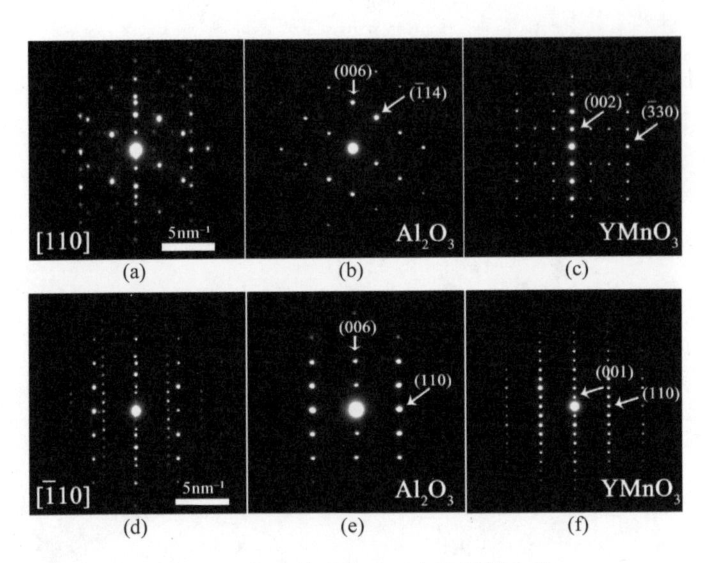

图 7.5 实验得到的选区电子衍射花样

(a) $YMnO_3/Al_2O_3$系统[110]带轴下的选区电子衍射花样；(b)、(c) 分别展示了 Al_2O_3和 $YMnO_3$在同样带轴下的衍射花样；(d) $YMnO_3/Al_2O_3$系统在$[\bar{1}10]$带轴下的选区电子衍射花样；(e)、(f) 分别展示了 Al_2O_3和 $YMnO_3$在同样带轴下的衍射花样

离子的 $2p_{3/2}$和 $2p_{1/2}$。Mn 的 $2p_{3/2}$峰不对称，而且向低能端有峰移，说明 Mn 离子位混合价态[170]。由于 Mn 的 $3s$ 峰对 Mn 离子的价态非常敏感，实验中还测量了 Mn 的 $3s$ 谱，以期能够定量得到 Mn 离子的价态。根据前人的研究结果，当 Mn 离子的价态在＋2 到＋4 时，Mn 的 $3s$ 峰的能量分裂会随着 Mn 离子价态的升高而降低[171, 172]：

$$v_{Mn} = 9.67 - 1.27\Delta E_{3s}/\text{eV} \tag{7-1}$$

式中：v_{Mn}为 Mn 离子的价态；ΔE_{3s}为 Mn 的 $3s$ 峰之间的距离。如图 7.6(c) 所示，Mn3s 峰的能量差别为 5.6eV，所以 Mn 离子的平均价态为＋2.6。[136] 因此，Mn^{3+}和 Mn^{2+}的比例为 1.5，O 离子和 Mn 离子的比例为 2.8，这和透射电镜中的能谱仪得到的结果一致。

利用透射电子显微镜来观察 $YMnO_3$和 Al_2O_3体系，可以发现在 $YMnO_3$薄膜中存在不同的衬度，如图 7.7(a)所示，薄膜厚度为 56nm，这种衬度是由 $YMnO_3$薄膜在面内转动导致的衍射衬度而不是极化畴的衬度。利用微衍射技术来研究不同衬度的区域。实验采用的是 JEOL 2010F 透射电镜，为了使相邻的衍射斑能够分开，这里使用最小的聚光镜光阑，$YMnO_3/Al_2O_3$体系的微衍射实验结果如图 7.8 所示。$YMnO_3$薄膜中暗的

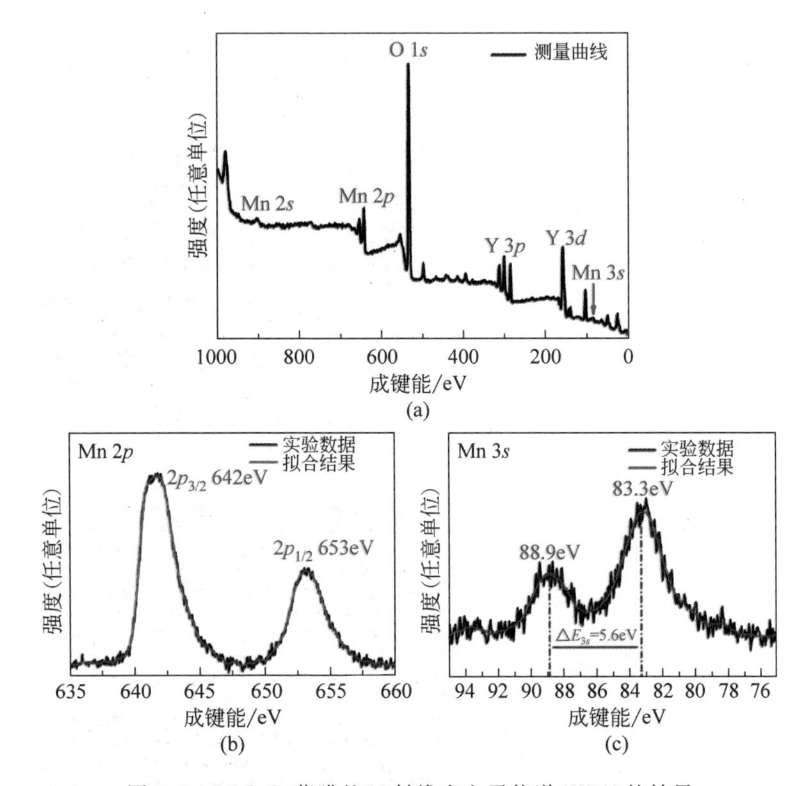

图 7.6　$YMnO_3$ 薄膜的 X 射线光电子能谱(XPS)的结果

(a) $YMnO_3$ 的全谱结果；(b) Mn 离子 $2p$ 峰的放大结果；(c) Mn 离子的 $3s$ 峰的放大结果

区域处于$[\bar{1}10]$带轴上，亮的区域相对于正带轴有几度的偏转。这和前文讨论的结果一致，$YMnO_3$ 薄膜为了释放面内的压应变，会在面内有几度的偏转。薄膜中具有暗衬度的区域具有最大的面内压应变，薄膜受到基底的钳制作用最大，在这些区域 O_T 氧空位最容易形成。当薄膜发生面内倾转后，薄膜和基底之间没有晶格匹配关系，应变可以在这个区域释放掉。根据透射电镜的实验结果，薄膜中亮衬度区和暗衬度区之间的面积比约为 1.25，即不到一半的薄膜处在较大的压应变中。在较大压应变的区域采集高分辨电镜照片，高分辨照片使用的是负球差成像技术，原子显示亮的衬度。[150] 图 7.7(a)中红色方框区显示了 $YMnO_3$ 和 Al_2O_3 的界面处，薄膜和基底均处于[110]带轴，Y 离子的向上和向下位移分别用蓝色和浅蓝色实心圆标示。面内的 Mn—Mn 距离为 1.53Å，面外的 c 轴长度为 10.90Å。相比于单晶块体中的值(面内 Mn—Mn 距离为 1.77Å，面外 c 轴长度为

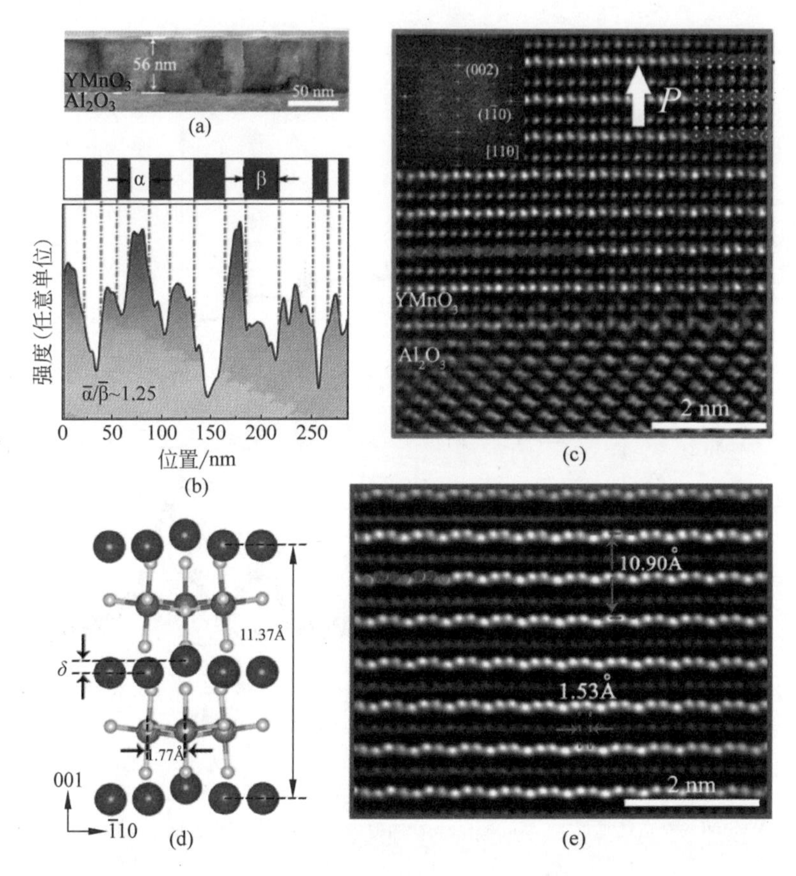

图 7.7　应变状态下的 $YMnO_3$ 薄膜的透射电镜表征

(a) 薄膜和基底的低倍透射电镜照片；(b) 测量得到的(a)图 $YMnO_3$ 薄膜中的亮度分布图，蓝色(β)和白色(α)区域分别代表薄膜中的暗区和亮区；(c) 为(a)图中红色方框区域内的放大像；(d) [110]带轴下 $YMnO_3$ 的原子模型；(e) 图(a)中蓝色方框区的原子图像

11.37Å)，$YMnO_3$ 薄膜单胞面内和面外的晶格常数都有缩小，单胞的体积变小。对于通常的铁电体而言，当面内点阵常数减小，面外的点阵常数会相应增大，保持原胞整体的体积基本不变。但是 $YMnO_3$ 两个方向的晶格常数都变小，其中的机制目前仍然不清楚，有可能是氧空位导致的。$YMnO_3$ 薄膜的面内晶格常数被压缩 13.56%，面外晶格常数被压缩 4.02%。根据这个比例，可以很容易计算 Mn—O_P 键长为 1.77Å，Mn—O_T 键长为 1.78Å。在压应变区，Mn—O_T 键长大于 Mn—O_P 键长，根据固体理论的哈里森定律，O_T 空位更容易形成。此外，从高分辨图中，可以看到 Mn 离子并没有处

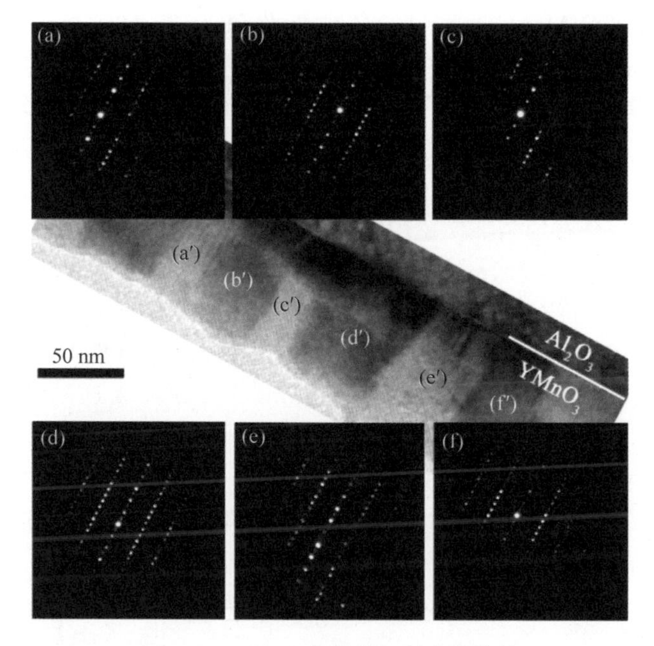

图7.8　$YMnO_3$ 薄膜微衍射实验结果

(a)、(c)、(e) 具有亮的衬度区((a′)、(c′)、(e′))的微衍射结果；(b)、(d)、(f) 具有暗的衬度区域((b′)、(d′)、(f′))的微衍射结果

于相邻两行Y离子的中间，Mn离子有少许向下移动，这说明 MnO_5 配位场被破坏，非对称的配位场导致Mn离子向下移动，原因是 O_{T2} 形成了空位。[173] 如图7.7(c)所示，在界面处Y离子的位移会变小，这主要是由于界面的极化会被界面电荷所补偿。图7.7(e)展示了远离界面区 $YMnO_3$ 薄膜高分辨照片，面内的压应变并未被弛豫。

在图7.7(e)中，利用MacTempasX商业软件可以使用高斯拟合的办法定位每个离子的位置[41]。可以用下列公式来估计材料中的铁电极化值：

$$P_s = \left(\sum Z_i^* \delta_i\right)/V = (3.6\mathrm{e}/V) \cdot \sum \frac{\delta}{2} = 0.15\delta(\mu\mathrm{C} \cdot \mathrm{cm}^{-2}\,\mathrm{pm}^{-1}) \tag{7-2}$$

式中：P_s 为 $YMnO_3$ 的饱和铁电极化值；Z_i^* 为 $YMnO_3$ 单胞中每个离子的波恩有效电荷；δ_i 为每个离子相对于其顺电态位置的位移值[87]；V 为单胞的体积。在 $YMnO_3$ 中，铁电性主要来源于Y离子的位移。根据第一性原理计算的结果，Y离子的波恩有效电荷是 $3.6e$。[32] δ_i 主要由Y离子的铁电位移值决定，该值为图7.7(d)单胞模型中所示的 δ 值的一半。从高分辨电镜

照片中估计的 $YMnO_3$ 薄膜中的铁电极化值为 $3\sim4\mu C/cm^2$，和块体值 $(5\mu C/cm^2)$ 非常接近。

应用 FEI Titan 80-300 电镜中的 STEM 模式采集得到 $YMnO_3$ 薄膜的 HAADF 像和 EELS 谱，如图 7.9 所示。HAADF 像中，原子衬度与原子序数的平方成正比。图 7.9(a)中 $YMnO_3$ 薄膜显示了非常均匀的衬度，说明薄膜中的成分分布均匀。实验中在薄膜中分别沿着水平方向和竖直方向做了 EELS 线扫实验，$YMnO_3$ 和 Al_2O_3 典型的 EELS 谱如图 7.9(b)所示，对 $YMnO_3$ 的 EELS 谱的详细分析可以在另一篇文章中找到。[174] 利用 EELS 线扫结果计算 Mn 和 O 之间的相对化学计量比，发现薄膜中的化学组分非常稳定。由于 Y 离子的 EELS 谱峰和 Mn/O 峰距离太远，无法同时计算 Y，Mn，O 三种元素的化学计量比。在界面处以下，由于 Al_2O_3 中没有 Mn 元素，所以 Mn/O 比例为零，如图 7.9(c)所示。在整个薄膜中，氧空位含量均匀，唯一的区别是氧空位的位置可能不相同。在大应变区，氧空位可以位于 MnO_5 多面体的顶点位置，在小应变区，氧空位处于面内位置。

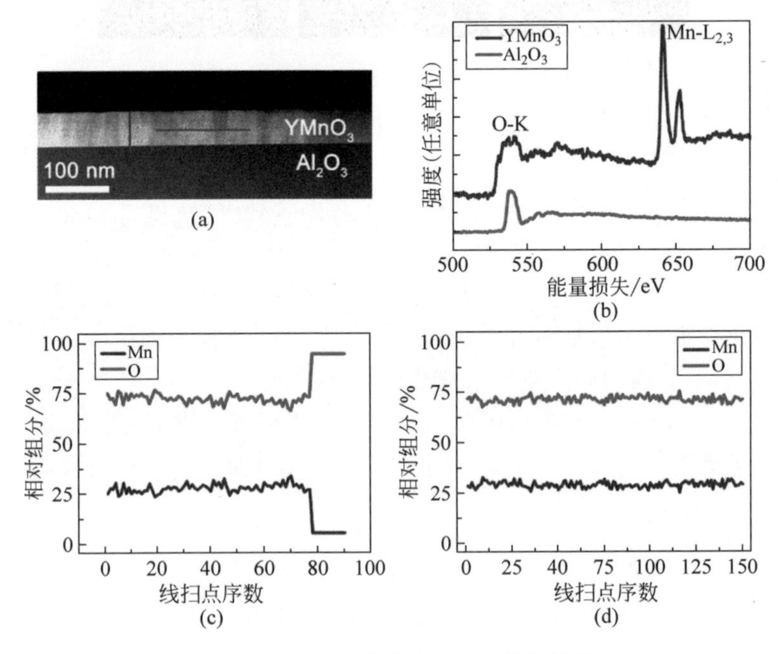

图 7.9　$YMnO_3$ 薄膜中 EELS 线扫结果

(a) $YMnO_3/Al_2O_3$ 系统界面处 HAADF 图像；(b) 500～700eV 内的 $YMnO_3$ 和 Al_2O_3 的典型 EELS 谱；(c) 图(a)中竖直红线处 EELS 线扫得到 Mn 和 O 之间的相对化学计量比；(d) 图(a)中水平红线处 EELS 线扫结果计算得到的 Mn/O 之间的化学计量比

为了使 $YMnO_3$ 薄膜承受较大的压应变，将其直接生长在 Al_2O_3 基底上，薄膜系统中没有底电极，不能直接利用压电力显微镜去测量薄膜的铁电性，只能转而利用拉曼谱来测量 $YMnO_3$ 薄膜中的结构转变。[175] 拉曼谱测量利用薄膜表面的背散射信号，测量过程中可以对样品进行加热，使用的激光器波长为 473nm。拉曼谱中峰的变化对应于不同的声子模式，反映了晶体对称性对应温度的变化。利用拉曼谱可以测量 $YMnO_3$ 中从铁电相（空间群 $P6_3cm$）转变为顺电相（$P6_3/mmc$）的过程，以及由于自旋声子耦合作用导致的磁矩重排现象[175]。如图 7.10 所示，对于 $YMnO_3$ 单晶而言，结构转变温度（1300K）以上为顺电态，空间群为 $P6_3/mmc$，结构转变点以下为

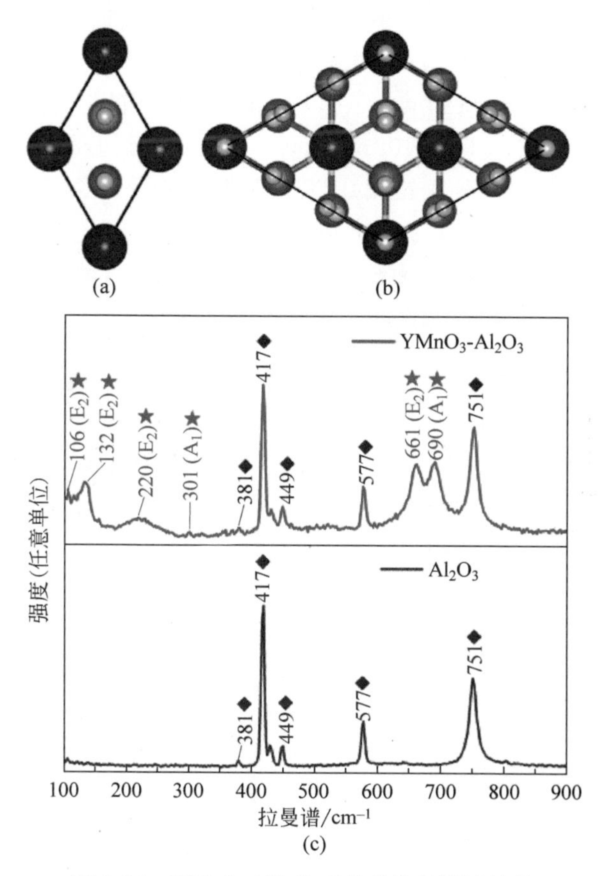

图 7.10　$YMnO_3/Al_2O_3$ 系统的拉曼测试结果

(a) 高温下具有 $P6_3/mmc$ 空间群的 $YMnO_3$ 单胞模型；(b) 室温下具有 $P6_3cm$ 空间群的 $YMnO_3$ 单胞模型；(c) 上图为 $YMnO_3$ 薄膜中测量的拉曼谱，下图为仅有 Al_2O_3 基底的拉曼谱

非中心对称结构，伴随着$\sqrt{3}\times\sqrt{3}$的重构，空间群为 $P6_3cm$。高温下 $YMnO_3$ 单胞中具有更少的原子，所以拉曼活性模式也少，仅有($A_{1g}+E_{1g}+3E_{2g}$)，对于具有 $P6_3cm$ 空间群的 $YMnO_3$，有 38 个声子模式具有拉曼活性($9A_1+14E_1+15E_2$)[175,176]。

使用 $YMnO_3$ 薄膜来测量拉曼谱，来自基底的信号是不可避免的。如图 7.10(c)所示，$YMnO_3$ 薄膜的信号用红星表示，Al_2O_3 基底的信号用蓝色菱方块表示。实验几何满足 $z(x,x)\bar{z}$，A_1 和 E_2 对称性模式被激发。在 $YMnO_3$ 所有的峰中，位于 $661cm^{-1}$ 和 $690cm^{-1}$ 处的峰最高，可以选定这两个峰作为高温实验的参考。E_2 模式($661cm^{-1}$)代表面内氧 O_{P1} 和 O_{P2} 在面内的运动，A_1 模式($690cm^{-1}$)代表顶点氧 O_{T1} 和 O_{T2} 在面外的运动。这些模式都可以反映 MnO_5 团簇的三聚和倾转。[175]

图 7.11(a)展示了 $YMnO_3/Al_2O_3$ 体系测量得到的温度相关的拉曼谱，测量的温度范围在 375K 和 1025K 之间。谱线从下到上对应着温度的不断升高，$YMnO_3$ 薄膜的峰变得更宽并且逐渐消失，拉曼峰会随着温度升高而向低频区移动。不同温度下 $661cm^{-1}$ 处峰面积做积分后的结果展示在图 7.11(b)中。在 970K 时，面积积分到达一个平台，$YMnO_3$ 在 970K 时发生了结构转变，比块体 1300K 的结构转变温度要低一些。[87,176,177]

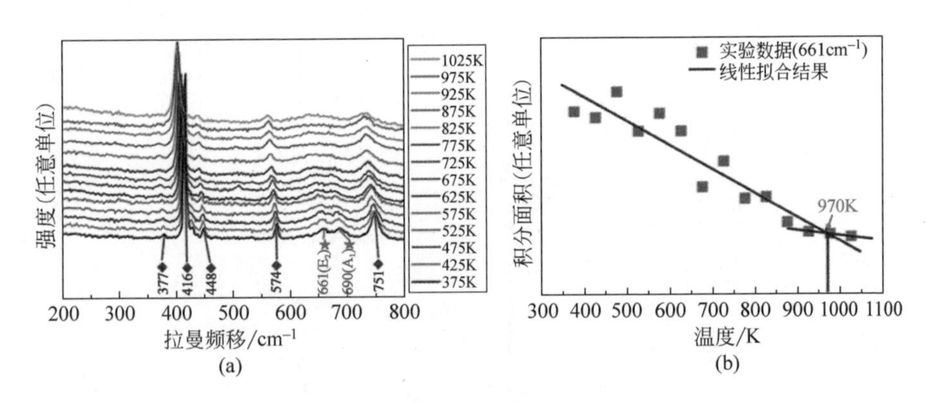

图 7.11　不同温度下 $YMnO_3$ 的拉曼谱

(a) $YMnO_3/Al_2O_3$ 体系 375～1025K 的变温拉曼实验结果；(b) $YMnO_3$ 在 $661cm^{-1}$ 处的峰的面积积分结果

利用超导量子磁强计(quantum design MPMS VSM(SQUID))对 $YMnO_3$ 薄膜材料的磁性进行测量，磁矩随着温度变化的曲线如图 7.12 所示。图 7.12 展示的所有磁性测量的结果均已经扣除掉 Al_2O_3 基底贡献的抗磁背底。Al_2O_3 基底的磁信号如图 7.13 所示，将一片 Al_2O_3 基底用生长 $YMnO_3$ 薄膜相同的工艺在磁控溅射炉中处理，然后将其进行磁性测量，发现磁性信号和原始的 Al_2O_3 基底磁性信号略有不同，但是仍然显示抗磁性，所以如果在 $YMnO_3/Al_2O_3$ 体系中测出铁磁性，那么铁磁性一定是由 $YMnO_3$ 薄膜贡献的。

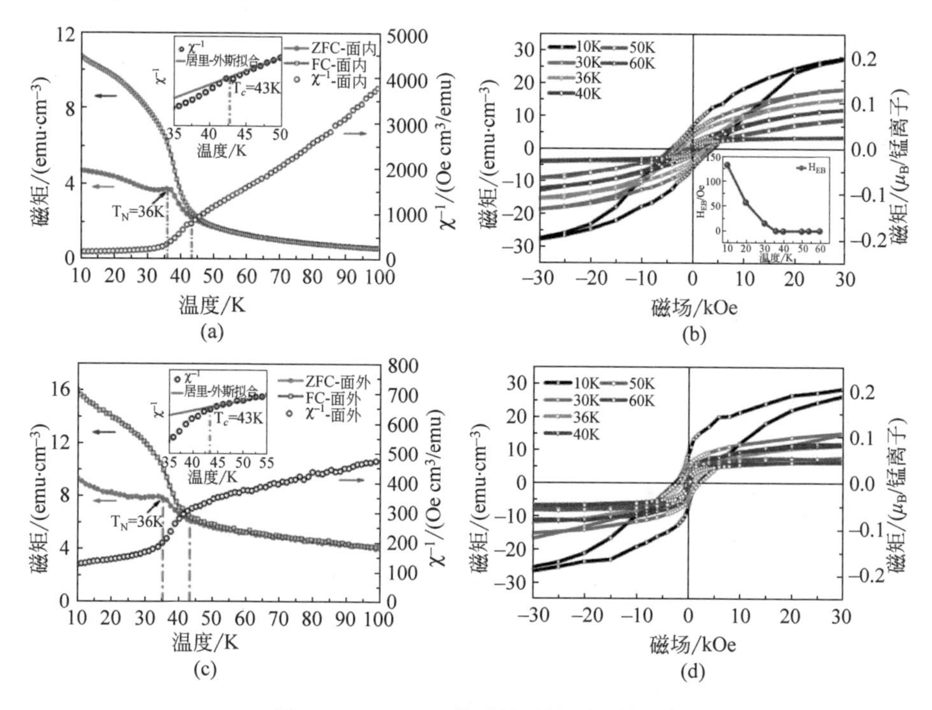

图 7.12　$YMnO_3$ 薄膜的磁性测量结果

(a) $YMnO_3/Al_2O_3$ 体系的温度依赖的磁性曲线；(b) 分别在 10K，30K，36K，40K，50K 和 60K 下测量的磁滞回线；(c) 在垂直于膜面的 0.2T 的外加磁场下测量的场冷、零场冷曲线；(d) 不同温度下 $YMnO_3$ 薄膜面外方向的磁滞回线

测量场冷曲线(field cooling curve, FC)的时候，降温时施加了 2000Oe 的场，升温时同样采用 2000Oe 的场进行测量。零场冷曲线(zero field cooling curve, ZFC)是通过降温时不加外场，升温时施加 2000Oe 的场测量的。场冷和零场冷曲线中有明显的分叉，说明 $YMnO_3$ 薄膜中存在铁磁性。磁化率曲线可以通过简单计算得到，并且使用居里-外斯定律来拟合，拟合得到的 $YMnO_3$ 薄膜的铁磁居里温度为 43K。零场冷曲线中的小峰代表了反铁磁相变而不是自旋玻璃态，因为在改变外场的时候，峰位并未发生移

动。[178]铁磁相和反铁磁相在薄膜中共存，$YMnO_3$薄膜中大应变的位置提供了铁磁信号，小应变的位置提供了反铁磁信号。在大应变区，顶点氧空位容易形成，Mn离子会沿着面外有倾转，体系中显示净磁矩。薄膜中反铁磁相的尼尔温度为36K，铁磁居里温度为43K。

图7.12(b)中展示了不同温度下$YMnO_3$的磁滞回线，在36K以下时，可以观察到明显的交换偏置，交换偏置会随着温度的升高而减小。在36K以上时，交换偏置消失，但是仍然存在明显的磁滞回线，说明薄膜中仅存在铁磁相。在铁磁居里温度以上，仍然可以观察到非常窄的磁滞回线，这是由于Mn离子构成的二维自旋阻挫体系会存在短程磁性序。[179, 180]实验中测得的薄膜整体中每个Mn离子的平均磁矩为$0.2\mu_B$，小于第一性原理计算的结果(O_{T2}空位下每个Mn离子磁矩为$0.928\mu_B$，O_{T1}空位下每个Mn离子磁矩为$0.262\mu_B$)，这是因为薄膜中只有位于大应变部分的Mn离子贡献了磁性，而且薄膜中承受大应变的区域占薄膜整体的一半不到。此外，O_{T1}和O_{T2}均为顶点氧，其空位的形成能力是类似的，O_{T1}空位对应磁构型下的净磁矩值比较小。薄膜整体的磁构型会非常复杂，因为不同位置对应的氧空位类型不同，对应的磁构型也不相同。

实验中也测量了面外方向的场冷零场冷曲线，如图7.12(c)所示。施加的2000Oe的外场方向垂直于膜面，测量的曲线显示出了面内与面外的各向异性，面外的磁性信号要强于面内的信号，这是由于$YMnO_3$具有六次对称性，自旋发生倾转也是沿着空间中c轴的方向，c轴是易磁化轴。利用

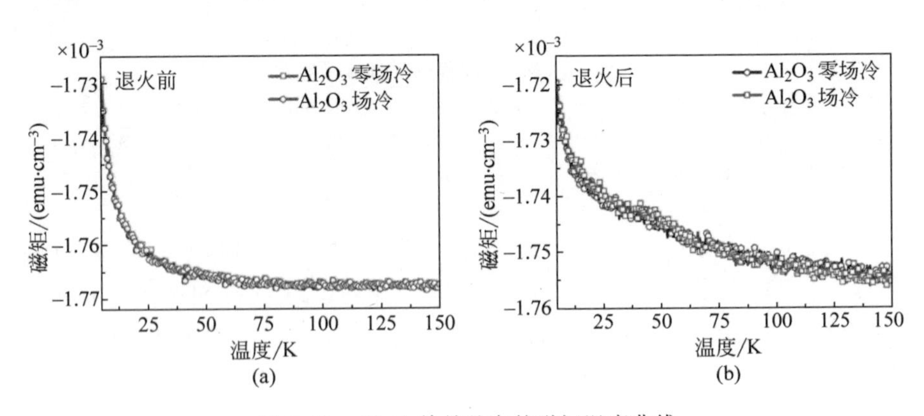

图7.13　Al_2O_3单晶基底的磁矩温度曲线

(a) 原始的Al_2O_3基底的磁性测量结果；(b) 将单晶Al_2O_3基底用与生长$YMnO_3$相同的条件在炉子中处理，测得的磁性曲线

居里外斯定律来拟合，得到的铁磁相的居里温度仍然是 43K。图 7.12(d) 展示了不同温度下测量的面外方向的磁滞回线，和图 7.12(b)相比，Mn 离子的饱和磁矩基本一致，但是在相同温度下的矫顽场更小，而且磁滞回线形状更方正，说明外面是易磁轴，$YMnO_3$ 薄膜具有单轴各向异性。

7.5 结果讨论

$YMnO_3$ 是实现铁电-铁磁耦合的非常好的系统，在体系中制造氧空位等价于电子掺杂，Mn 离子最外层的轨道占据会由 $3d^4$ 变为 $3d^5$，平均每个 Mn 离子的磁矩会增强。此外，顶点氧空位会导致 MnO_5 配位场的 D_{3h} 对称性破缺，初始的 Mn 离子的二维自旋阻挫结构将会被打破，自旋会产生沿着面外的倾转，在体系中就会产生净磁矩。在这个体系中，由于 MnO_5 构成了三角双锥结构，Mn 离子的 $3d$ 轨道会劈裂为 $e_{1g}(yz, zx)$，$e_{2g}(xy, x^2-y^2)$ 和 $a_{1g}(z^2)$，因此 $YMnO_3$ 是一个杨泰勒效应失活的体系[33]。和传统 $3d$ 过渡金属体系不同，$YMnO_3$ 是 P 型半导体，导电性主要来源于在 e_{2g} 轨道中的电子[153]，氧空位的产生不会影响到 e_{2g} 轨道的电子数目，因为该轨道总是全占满的，因此 $YMnO_3$ 仍然保持绝缘性，这是其在拥有铁磁性时仍然能保持铁电性的原因。

7.6 结　　论

利用第一性原理计算，发现 $YMnO_3$ 材料中最稳态的磁构型和氧空位类型紧密关联，这能够很好地解释之前不同组报道的互相矛盾的磁性结果。此外，轴向氧空位(O_{T1} 和 O_{T2})均能够诱导出沿着 c 轴的净磁矩，从而使 $YMnO_3$ 具有铁磁性。利用面内较大的压应变，在 $YMnO_3$ 体系中调节出了顶点氧空位，并且实现了铁磁态。通过磁性表征，发现薄膜中铁磁相和反铁磁相共存，铁磁相来源于薄膜中受大压应变的区域，反铁磁相来源于薄膜中应变释放区域。铁磁相的居里温度为 43K，反铁磁相的尼尔温度为 36K。高分辨电镜结果表明 $YMnO_3$ 薄膜中 Y 离子的铁电位移仍然保持，铁电性仍然存在。因此，在六方 $YMnO_3$ 薄膜中实现了铁电性-铁磁性共存，体系具有宏观净磁矩，该结果为实现单相多铁材料的器件化应用做了准备。

第8章 结论与展望

8.1 结 论

本书综合利用了电子显微学中的多种实验方法，系统研究了以$YMnO_3$为代表的单相多铁六方锰氧化物的物理性质，构建了材料的结构与性质之间的联系，研究的主要结论如下：

(1) 定量测定不同极化畴内的二次电子产额差别。利用扫描电子显微镜慢速扫描且大电子束流的条件，将表面不同极化畴区的亮暗衬度实现翻转，在样品上方积累负电的情况下，观察到样品本征的亮暗衬度。利用FIB制样，控制样品的背散射系数一致，并且使用自制的法拉第杯，实现了不同畴区二次电子产额差别的定量测量。

(2) 发展了低倍暗场像判断铁电畴极化方向的简易方法。通过衍射动力学中拓展的Howie-Whelan方程，可以计算不同指数的衍射斑随着样品厚度的变化规律，阐明了判断不同畴区铁电极化方向的原理。在双束暗场像下，通过对比不同畴区的相对亮暗程度，可以唯一地识别不同畴的铁电极化方向以及不同畴壁的带电属性。这给人们快速识别不同畴区的极化方向带来了方便。

(3) 解析涡旋畴和刃位错两种拓扑缺陷之间的关系。由于对称性的要求，六方锰氧化物往往展现六瓣的畴结构。利用前述的低倍暗场像技术，发现在单晶材料中有非六瓣畴出现。球差校正的扫描透射电镜可以在原子尺度上对畴核心进行观察，不全刃位错总是倾向于钉扎在畴核心，从而影响畴的瓣数。该体系的序参量空间也被重新定义，对每种非六瓣的畴结构进行了同伦群分类，并且根据拓扑学理论预测了三种新的畴态。

(4) 精细表征了$YMnO_3$材料在缺陷条件下晶体结构和电子结构的改变并且调控出铁电-铁磁性共存。利用负球差成像技术(NCSI)在原子尺度上对单相多铁材料进行表征，发现与Mn离子共平面的氧空位容易形成，此类氧空位会对Mn离子面内的位置产生影响，并且影响材料的磁构型。利用PLD的办法将$YMnO_3$生长在提供压应变的Al_2O_3基底上，诱导产生顶点氧空位，实现 $YMnO_3$ 单相多铁材料中的铁电-铁磁共存，对单相多铁材料的器件化使用有促进作用。

8.2 展　　望

单相多铁材料中具有丰富的物理现象，本书的研究只是起点，还有许多重要的问题有待深入挖掘：

(1) 本书的研究基于最简单的单相多铁六方锰氧化物，A 位的 Y 离子没有磁性，若将 A 位离子用其他有磁性的离子替代，A 位和 B 位之间会产生磁性相互作用，产生更丰富的磁信息。

(2) $YMnO_3$ 薄膜中调控出的铁磁性转变温度过低，无法作为真正的器件使用。可以尝试将 B 位的 Mn 离子替换为 Fe 离子，提高其磁性转变温度，使其更加接近器件化使用的目标。

(3) 位错能够影响材料的畴的拓扑态，目前仅能观察并且揭示其中的物理现象，还不能任意控制不同瓣数的畴，将来可致力于利用材料科学的手段对位错的位置和数量进行调控，使材料中出现任意想要的畴结构。

(4) 六方锰氧化物中多种序参量之间的耦合机理仍不够清晰，受到压应变的薄膜材料中成功诱导出铁磁性，如果有合适的实验条件，可以结合 EMCD 技术在低温下测量其中的磁性信号，真正地实现电和磁的协同测量。

相信上述的问题会随着材料研究的不断深入，以及仪器设备的不断进步，被完美地解决。

参考文献

[1] MA J, HU J, LI Z, et al. Recent progress in multiferroic magnetoelectric composites: from bulk to thin films [J]. Advanced Materials, 2011, 23: 1062-1087.

[2] FIEBIG M, LOTTERMOSER T, MEIER D, et al. The evolution of multiferroics[J]. Nature Review Materials, 2016, 1: 16046.

[3] VALASEK J. Piezo-electric and allied phenomena in rochelle salt[J]. Physical Review, 1921, 17: 475-481.

[4] LEE T, AKSAY I A. Hierarchical structure-ferroelectricity relationships of barium titanate particles[J]. Crystal Growth and Design, 2001, 1: 401-419.

[5] ASTROV D. The magnetoelectric effect in antiferromagnetics[J]. Soviet physics JETP, 1960, 11: 708-709.

[6] ASTROV D. Magnetoelectric effect in chromium oxide[J]. Soviet physics JETP, 1961, 13: 729-733.

[7] FOLEN V, RADO G, E. S. Anisotropy of the magnetoelectric effect in Cr_2O_3 [J]. Physical Review Letters, 1961, 6: 607.

[8] RADO G, FOLEN V. Observation of the magnetically induced magnetoelectric effect and evidence for antiferromagnetic domains[J]. Physical Review Letters, 1961, 7: 310.

[9] WANG J, NEATON J, ZHENG H, et al. Epitaxial $BiFeO_3$ multiferroic thin film heterostructures[J]. Science, 2003, 299: 1719-1722.

[10] KIMURA T, GOTO T, SHINTANI H, et al. Magnetic control of ferroelectric polarization[J]. Nature, 2003, 426: 55-58.

[11] MARTIENSSEN W, WARLIMONT H. Springer handbook of condensed matter and materials data[M]. New York: Springer Science & Business Media, 2005.

[12] GAJEK M, BIBES M, FUSIL S, et al. Tunnel junctions with multiferroic barriers[J]. Nature Materials, 2007, 6: 296-302.

[13] ONUTA T-D, WANG Y, LONG C J, et al. Energy harvesting properties of all-thin-film multiferroic cantilevers [J]. Applied Physics Letters, 2011, 99: 203506.

[14] ORTEGA N, KUMAR A, SCOTT J F, et al. Multifunctional magnetoelectric

materials for device applications[J]. Journal of Physics: Condensed Matter, 2015, 27: 504002.

[15] VAN DEN BRINK J, KHOMSKII D I. Multiferroicity due to charge ordering[J]. Journal of Physics: Condensed Matter, 2008, 20: 434217.

[16] LU C, DONG S, XIA Z, et al. Polarization enhancement and ferroelectric switching enabled by interacting magnetic structures in $DyMnO_3$ thin films[J]. Scientific Reports, 2013, 3: 3374.

[17] SCARROZZA M, BARONE P, SESSOLI R, et al. Magnetoelectric coupling and spin-induced electrical polarization in metal—organic magnetic chains[J]. Journal of Materials Chemistry C, 2016, 4: 4176-4185.

[18] LI Z, GUO X, LU H B, et al. An epitaxial ferroelectric tunnel junction on silicon[J]. Advanced Materials, 2014, 26: 7185-7189.

[19] MARUYAMA K, KONDO M, SINGH S K, et al. New ferroelectric matrial for embedded FRAM LSIs[J]. Fujitsu Scientific & Technical Journal, 2007, 43: 502-507.

[20] ROY A, GUPTA R, GARG A. Multiferroic memories [J]. Advance in Condensed Matter Physics, 2012, 2012: 1-12.

[21] ZHURAVLEV M Y, SABIRIANOV R F, JASWAL S S, et al. Giant electroresistance in ferroelectric tunnel junctions[J]. Physical Review Letters, 2005, 94: 246802.

[22] PANTEL D, GOETZE S, HESSE D, et al. Reversible electrical switching of spin polarization in multiferroic tunnel junctions[J]. Nature Materials, 2012, 11: 289-293.

[23] VAZ C A F. Electric field control of magnetism in multiferroic heterostructures[J]. Journal of Physics: Condensed Matter, 2012, 24: 333201.

[24] YU P, CHU Y H, RAMESH R. Emergent phenomena at multiferroic heterointerfaces [J]. Philosophical Transactions. Series A, Mathematical, Physical, and Engineering Sciences, 2012, 370: 4856-4871.

[25] WEI Y, JIN C, ZENG Y, et al. Polar order evolutions near the rhombohedral to pseudocubic and tetragonal to pseudocubic phase boundaries of the $BiFeO_3$-$BaTiO_3$ system[J]. Materials, 2015, 8: 8355-8365.

[26] NEATON J B, EDERER C, WAGHMARE U V, et al. First-principles study of spontaneous polarization in multiferroic $BiFeO_3$ [J]. Physical Review B, 2005, 71: 014113.

[27] WANG J, NEATON J B, ZHENG H, et al. Epitaxial $BiFeO_3$ multiferroic thin film heterostructures[J]. Science, 2003, 299: 1719-1722.

[28] MARTIN L W, CRANE S P, CHU Y H, et al. Multiferroics and magnetoelectrics: thin films and nanostructures [J]. Journal of Physics: Condensed Matter, 2008, 20: 434220.

[29] NELSON C T, WINCHESTER B, ZHANG Y, et al. Spontaneous vortex nanodomain arrays at ferroelectric heterointerfaces[J]. Nano Letters, 2011, 11: 828-834.

[30] JIA C-L, JIN L, WANG D, et al. Nanodomains and nanometer-scale disorder in multiferroic bismuth ferrite single crystals [J]. Acta Materialia, 2015, 82: 356-368.

[31] FONTCUBERTA J. Multiferroic $RMnO_3$ thin films [J]. Comptes Rendus Physique, 2015, 16: 204-226.

[32] AKEN B B V, PALSTRA T T, FILIPPETTI A, et al. The origin of ferroelectricity in magnetoelectric $YMnO_3$ [J]. Nature Materials, 2004, 3: 164-170.

[33] CHO D Y, KIM J Y, PARK B G, et al. Ferroelectricity driven by Y d0-ness with rehybridization in $YMnO_3$[J]. Physical Review Letters, 2007, 98: 217601.

[34] SEONGSU L, PIROGOV A, MSIUN K, et al. Giant magneto-elastic coupling in multiferroic hexagonal manganites[J]. Nature, 2008, 451.

[35] LEE S, PIROGOV A, KANG M, et al. Giant magneto-elastic coupling in multiferroic hexagonal manganites[J]. Nature, 2008, 451: 805-808.

[36] FABRÈGES X, PETIT S, MIREBEAU I, et al. Spin-lattice coupling, frustration, and magnetic order in multiferroic $RMnO_3$ [J]. Physical Review Letters, 2009, 103:067204.

[37] FIEBIG M, LOTTERMOSER T, FROHLICH D, et al. Observation of coupld magnetic and electric domains[J]. Nature, 2002, 419: 818-820.

[38] KUMAGAI Y, SPALDIN N. Structural domain walls in polar hexagonal manganites[J]. Nature Communications, 2013, 4: 1540.

[39] CHOI T, HORIBE Y, YI H T, et al. Insulating interlocked ferroelectric and structural antiphase domain walls in multiferroic $YMnO_3$[J]. Nature Materials, 2010, 9: 253.

[40] ZHANG Q, TAN G, GU L, et al. Direct observation of multiferroic vortex domains in $YMnO_3$[J]. Scientific Reports 2013, 3: 2741-2745.

[41] YU Y, ZHANG X, ZHAO Y G, et al. Atomic-scale study of topological vortex-like domain pattern in multiferroic hexagonal manganites[J]. Applied Physics Letters, 2013, 103: 032901.

[42] HAN M G, ZHU Y, WU L, et al. Ferroelectric switching dynamics of

topological vortex domains in a hexagonal manganite[J]. Advanced Materials, 2013, 25: 2415-2421.

[43] DU Y, WANG X, CHEN D, et al. Manipulation of domain wall mobility by oxygen vacancy ordering in multiferroic $YMnO_3$[J]. Physical Chemistry Chemical Physics, 2013, 15: 20010-20015.

[44] CHAE S, HORIBE Y, JEONG D, et al. Self-organization, condensation, and annihilation of topological vortices and antivortices in a multiferroic [J]. Proceedings of the National Academy of Sciences of the United States of America, 2010, 107: 21366-21370.

[45] GAO P, NELSON C, JOKISAARI J, et al. Direct observations of retention failure in ferroelectric memories[J]. Advanced Materials, 2012, 24: 1106-1110.

[46] WU W, HORIBE Y, LEE N, et al. Conduction of topologically protected charged ferroelectric domain walls[J]. Physical Review Letters, 2012, 108: 077203.

[47] SKJAERVO S H, WEFRING E T, NESDAL S K, et al. Interstitial oxygen as a source of P-type conductivity in hexagonal manganites[J]. Nature communications, 2016, 7: 13745.

[48] CHOWHURY U, GOSWAMI S, BHATTACHARYA D, et al. Room temperature multiferroicity in orthorhombic $LuFeO_3$ [J]. Applied Physics Letters, 2014, 105: 052911.

[49] SONG S, HAN H, JANG H M, et al. Implementing room-temperature multiferroism by exploiting hexagonal-orthorhombic morphotropic phase coexistence in $LuFeO_3$ thin films[J]. Advanced Materials, 2016, 28: 7430-7435.

[50] WANG W, ZHAO J, WANG W, et al. Room-temperature multiferroic hexagonal $LuFeO_3$ films[J]. Physical Review Letters, 2013, 110: 237601.

[51] DISSELER S M, BORCHERS J A, BROOKS C M, et al. Magnetic structure and ordering of multiferroic hexagonal $LuFeO_3$ [J]. Physical Review Letters, 2015, 114: 217602.

[52] MUNDY J A, BROOKS C M, HOLTZ M E, et al. Atomically engineered ferroic layers yield a room-temperature magnetoelectric multiferroic[J]. Nature, 2016, 537: 523-527.

[53] ZHENG H, WANG J, LOFLAND S E, et al. Multiferroic $BaTiO_3$-$CoFe_2O_4$ nanostructures[J]. Science, 2004, 303:661-663.

[54] TIAN W, TAN G, LIU L, et al. Influence of doping on the spin dynamics and magnetoelectric effect in hexagonal $Y_{0.7}Lu_{0.3}MnO_3$ [J]. Physical Review B, 2014, 89: 144417.

[55] FAN C, ZHAO Z Y, SONG J D, et al. Single crystal growth of the hexagonal manganites $RMnO_3$ (R = rare earth) by the optical floating-zone method[J]. Journal of Crystal Growth, 2014, 388: 54-60.

[56] LI J, YANG H X, TIAN H F, et al. Scanning secondary-electron microscopy on ferroelectric domains and domain walls in $YMnO_3$[J]. Applied Physics Letters, 2012, 100: 152903.

[57] TOMUTA D G, RAMAKRISHNAN S, NIEUWENHUYS G J, et al. The magnetic susceptibility, specific heat and dielectric constant of hexagonal $YMnO_3$, $LuMnO_3$ and $ScMnO_3$ [J]. Journal of Physics: Condensed Matter, 2001, 13: 4543-4552.

[58] CHAE S C, LEE N, HORIBE Y, et al. Direct observation of the proliferation of ferroelectric loop domains and vortex-antivortex pairs [J]. Physical Review Letters, 2012, 108: 167603.

[59] HAIDER M, HARTEL P, MULLER H, et al. Current and future aberration correctors for the improvement of resolution in electron microscopy [J]. Philosophical Transactions. Series A, Mathematical, Physical, and Engineering Sciences, 2009, 367: 3665-3682.

[60] SCHERZER O. The theoretical resolution limit of the electron microscope[J]. Journal of Applied Physics, 1949, 20: 20-29.

[61] MULLER D A. Structure and bonding at the atomic scale by scanning transmission electron microscopy[J]. Nature Materials, 2009, 8: 263-270.

[62] HAIDER M, UHLEMANN S, SCHWAN E, et al. Electron microscopy image enhanced[J]. Nature, 1998, 392: 768-769.

[63] JIA C-L, LENTZEN M, URBAN K W. Atomic-resolution imaging of oxygen in perovskite ceramics[J]. Science, 2003, 299: 870-873.

[64] WILLIAMS D B, CARTER C B. Transmission electrcon microscopy [M]. Boston: Springer, 2009.

[65] COWLEY J M. Diffraction physics[M]. 3rd ed. , New York: Elsevier Science, 1995.

[66] ISHIZUKA K. Contrast transfer of crystal images in TEM[J]. Ultramicroscopy, 1980, 5: 55-65.

[67] URBAN K W, JIA C L, HOUBEN L, et al. Negative spherical aberration ultrahigh-resolution imaging in corrected transmission electron microscopy[J]. Philosophical Transactions. Series A, Mathematical, Physical, and Engineering Sciences, 2009, 367: 3735-3753.

[68] PENNYCOOK S J, CHISHOLM M F, LUPINI A R, et al. Aberration-

corrected scanning transmission electron microscopy: from atomic imaging and analysis to solving energy problems[J]. Philosophical Transactions. Series A, Mathematical, Physical, and Engineering Sciences, 2009, 367: 3709-3733.

[69] PENNYCOOK S J, YAN Y F. Progress in transmission electron microscopy[M]. New York: Springer, 2001.

[70] PENNYCOOK S J, JESSON D E. High-resolution Z-contrast imaging of crystals[J]. Ultramicroscopy, 1991, 37: 14-38.

[71] PARK J, HEO S, CHUNG J G, et al. Bandgap measurement of thin dielectric films using monochromated STEM-EELS[J]. Ultramicroscopy, 2009, 109: 1183-1188.

[72] EGERTON R F, Electron energy-loss spectroscopy in the electron microscope[M]. New York: Springer Science & Business Media, 2011.

[73] SCHATTSCHNEIDER P, RUBINO S, HEBERT C, et al. Detection of magnetic circular dichroism using a transmission electron microscope[J]. Nature, 2006, 441: 486-488.

[74] VAN DER LAAN G, FIGUEROA A I, X-ray magnetic circular dichroism—A versatile tool to study magnetism[J]. Coordination Chemistry Reviews, 2014, 277-278: 95-129.

[75] SCHATTSCHNEIDER P, ENNEN I, LÖFFLER S, et al. Circular dichroism in the electron microscope: Progress and applications (invited) [J]. Journal of Applied Physics, 2010, 107: 09D311.

[76] SCHATTSCHNEIDER P, STÖGER-POLLACH M, RUBINO S, et al. Detection of magnetic circular dichroism on the two-nanometer scale[J]. Physical Review B, 2008, 78: 104413.

[77] WAROT-FONROSE B, GATEL C, CALMELS L, et al. Magnetic properties of FeCo alloys measured by energy-loss magnetic chiral dichroism[J]. Journal of Applied Physics, 2010, 107: 09D301.

[78] THERSLEFF T, RUSZ J, RUBINO S, et al. Quantitative analysis of magnetic spin and orbital moments from an oxidized iron (110) surface using electron magnetic circular dichroism[J]. Scientific Reports, 2015, 5: 13012.

[79] ZHANG Z H, TAO H L, HE M, et al. Origination of electron magnetic chiral dichroism in cobalt-doped ZnO dilute magnetic semiconductors[J]. Scripta Materialia, 2011, 65: 367-370.

[80] WANG Z Q, ZHONG X Y, YU R, et al. Quantitative experimental determination of site-specific magnetic structures by transmitted electrons[J]. Nature Communications, 2013, 4: 1395.

[81] RUSZ J, RUBINO S, SCHATTSCHNEIDER P. First-principles theory of chiral dichroism in electron microscopy applied to 3d ferromagnets[J]. Physical Review B, 2007, 75: 214425.

[82] RUSZ J, MUTO S, TATSUMI K. New algorithm for efficient Bloch-waves calculations of orientation-sensitive ELNES[J]. Ultramicroscopy, 2013, 125: 81-88.

[83] LÖFFLER S, SCHATTSCHNEIDER P. A software package for the simulation of energy-loss magnetic chiral dichroism[J]. Ultramicroscopy, 2010, 110: 831-835.

[84] RUSZ J, OPPENEER P M, LIDBAUM H, et al. Asymmetry of the two-beam geometry in EMCD experiments[J]. Journal of Microscopy, 2010, 237: 465-468.

[85] SONG D, LI G, CAI J, et al. A general way for quantitative magnetic measurement by transmitted electrons[J]. Scientific Reports, 2016, 6: 18489.

[86] SONG D, RUSZ J, CAI J, et al. Detection of electron magnetic circular dichroism signals under zone axial diffraction geometry[J]. Ultramicroscopy, 2016, 169: 44-54.

[87] GIBBS A S, KNIGHT K S, LIGHTFOOT P. High-temperature phase transitions of hexagonal $YMnO_3$[J]. Physical Review B, 2011, 83: 094111.

[88] ROSENMAN G, SKLIAR A, LAREAH Y, et al. Asymmetric secondary electron emission flux in ferroelectric $KTiOPO_4$ crystal[J]. Journal of Applied Physics, 1996, 80: 7166-7168.

[89] GLASS A M, VON DER LINDE D, NEGRAN T J. High-voltage bulk photovoltaic effect and the photorefractive process in $LiNbO_3$[J]. Applied Physics Letters, 1974, 25: 233-235.

[90] HE M-R, SHI Y, ZHOU W, et al. Diameter dependence of modulus in zinc oxide nanowires and the effect of loading mode: In situ experiments and universal core-shell approach[J]. Applied Physics Letters, 2009, 95: 091912.

[91] JOY D C, JOY C S. Low voltage scanning electron microscopy[J]. Micron, 1996, 27: 247-263.

[92] ZHU S, CAO W. Imaging of 180 ferroelectric domains in $LiTaO_3$[J]. Physica Status Solidi, 1999, 173: 495-502.

[93] ROSENMAN G, SKLIAR A, LAREAH I, et al. Observation of ferroelectric domain structures by secondary-electron microscopy in as-grown[J]. Physical Review B, 1996, 54: 6222-6226.

[94] LI J, YANG H X, TIAN H F, et al. Ferroelectric annular domains in hexagonal manganites[J]. Physical Review B, 2013, 87: 094106.

[95] MOURE C, VILLEGAS M, FERNANDEZ J F, et al. Phase transition and electrical conductivity in the system $YMnO_3$-$CaMnO_3$ [J]. Journal of Materials Science, 1999, 34: 2565-2568.

[96] CHAE S C, HORIBE Y, JEONG D Y, et al. Evolution of the domain topology in a ferroelectric[J]. Physical Review Letters, 2013, 110: 167601.

[97] LUO J, TIAN P, PAN C, et al. Ultralow secondary electron emission[J]. ACS Nano, 2011, 5: 1047-1055.

[98] WU W, HORIBE Y, LEE N, et al. Conduction of topologically protected charged ferroelectric domain walls [J]. Physical Review Letters, 2012, 108: 0772030.

[99] SCHAFFER M, SCHAFFER B, RAMASSE Q. Sample preparation for atomic-resolution STEM at low voltages by FIB[J]. Ultramicroscopy, 2012, 114: 62-71.

[100] KUMAGAI Y, SPALDIN N A. Structural domain walls in polar hexagonal manganites[J]. Nature Communications, 2013, 4: 1540-1547.

[101] CHOI T, HORIBE Y, YI H T, et al. Insulating interlocked ferroelectric and structuralantiphase domain walls in multiferroic $YMnO_3$ [J]. Nature Materials, 2010, 9: 253-258.

[102] MEDVEDEVA J E, ANISIMOV V I, KORONTIN M A, et al. The effect of Coulomb correlation and magnetic ordering on the electronic structure of two hexagonal phases of ferroelectromagnetic $YMnO_3$ [J]. Journal of Physics: Condensed Matter, 2000, 12: 4947-4958.

[103] GEVERS R, BLANK H, AMELINCKX S. Extension of the Howie-Whelan equations for electron diffraction to non-centro symmetrical crystals[J]. physica status solidi, 1966, 13: 449-465.

[104] AOYAGI K, KIGUCHI T, EHARA Y, et al. Diffraction contrast analysis of 90 degrees and 180 degrees ferroelectric domain structures of $PbTiO_3$ thin films[J]. Science and Technology of Advanced Materials, 2011, 12: 034403-034408.

[105] ZUO J M, MABON J C. Web-based Electron Microscopy Application Software: Web-EMAPS[J]. Microscopy and Microanalysis, 2004. 10: 1000.

[106] VAN AKEN B B, MEETSMA A, PALSTRA T T. Hexagonal $ErMnO_3$ [J]. Acta Crystallographica, 2001, 57: 38-40.

[107] VAN AKEN B B, MEETSMA A, PALSTRA T T. Hexagonal $LuMnO_3$ revisited[J]. Acta Crystallographica, 2001, 57: 101-103.

[108] VAN AKEN B B, MEETSMA A, PALSTRA T T. Hexagonal $YbMnO_3$ revisited[J]. Acta Crystallographica, 2001, 57: 87-89.

[109] OVID'KO I A, ROMANOV A E. Methods of topological bbstruction theory in condensed matter physics [J]. Communications in Mathematical Physics, 1986, 105.

[110] KIBBLE T W B. Topology of cosmic domains and strings[J]. Journal of Physics A: Mathematical and General, 1976, 9: 1387-1398.

[111] MERMIN N D. The topological theory of defects in ordered media[J]. Review of Modern Physics, 1979, 51: 591-648.

[112] TREBIN H R. The topology of non-uniform media in condensed matter physics [J]. Advances in Physics, 2006, 31: 195-254.

[113] YU X Z, ONOSE Y, KANAZAWA N, et al. Real-space observation of a two-dimensional skyrmion crystal[J]. Nature, 2010, 465: 901-904.

[114] DAS H, WYSOCKI A L, GENG Y, et al. Bulk magnetoelectricity in the hexagonal manganites and ferrites[J]. Nature Communications, 2014, 5: 2998-3008.

[115] MEIER D, SEIDEL J, CANO A, et al. Anisotropic conductance at improper ferroelectric domain walls[J]. Nature Materials, 2012, 11: 284-288.

[116] WU W, HORIBE Y, LEE N, et al. Conduction of topologically protected charged ferroelectric domain walls [J]. Physical Review Letters, 2012, 108: 077203.

[117] LAVRENTOVICH O D. Topological defects in dispersed words and worlds around liquid crystals, or liquid crystal drops[J]. Liquid Crystals, 1998, 24: 117-126.

[118] HUANG F T, WANG X, GRIFFIN S M, et al. Duality of topological defects in hexagonal manganites[J]. Physical Review Letters, 2014, 113: 267602.

[119] BRAZOVSKI S, KIROVA N. Theory of plastic flows of CDWs in application to a current conversion[J]. Journal de Physique IV France 1999, 9: 139-143.

[120] DZYALOSHKINSKII I E. Domains and dislocation in antiferromagnets[J]. JETP Letters, 1976, 25: 98-100.

[121] GRIFFIN S M, LILIENBLUM M, DELANEY K T, et al. Scaling behavior and beyond equilibrium in the hexagonal manganites[J]. Physical Review X, 2012, 2: 041022.

[122] LIN S-Z, WANG X Y, KAMIYA Y, et al. Topological defects as relics of emergent continuous symmetry and Higgs condensation of disorder in ferroelectrics[J]. Nature Physics, 2014, 10: 970-977.

[123] LILIENBLUM M, LOTTERMOSER T, MANZ S, et al. Ferroelectricity in the multiferroic hexagonal manganites[J]. Nature Physics, 2015, 11: 1070-1074.

[124] LI J, CHIANG F K, CHEN Z, et al. Homotopy-theoretic study & atomic-scale observation of vortex domains in hexagonal manganites[J]. Scientific Reports, 2016, 6: 28047.

[125] XUE F, WANG X, SOCOLENCO I, et al. Evolution of the statistical distribution in a topological defect network[J]. Scientific Reports, 2015, 5: 17057.

[126] HYTCH M J, SNEOCK E, KILAAS R. Quantitative measurement of displacement and strain felds from HREM micrographs[J]. Ultramicroscopy, 1998, 74: 131-146.

[127] CHENG S, ZHAO Y G, SUN X F, et al. Polarization structures of topological domains in multiferroic hexagonal manganites[J]. Journal of American Ceramic Society, 2014, 97: 3371-3373.

[128] FENNIE C J, RABE K M. Ferroelectric transition in $YMnO_3$ from first principles[J]. Physical Review B, 2005, 72: 100103.

[129] ARTYUKHIN S, DELANEY K T, SPALDIN N A, et al. Landau theory of topological defects in multiferroic hexagonal manganites[J]. Nature Materials, 2013, 13:42-49.

[130] PEIERLS R. The size of a dislocation[J]. Proceedings of the Physical Society, 1940, 52: 34-37.

[131] NABARRO F R N. Dislocations in a simple cubic lattice[J]. Proceedings of the Physical Society, 1946, 59: 256-272.

[132] DONG Z S, ZHAO C W. Measurement of strain fields in an edge dislocation [J]. Physica B: Condensed Matter, 2010, 405: 171-174.

[133] KUTKA R, TREBIN H R. Semi-defects[J]. Journal de Physique Lettres, 1984, 45: 1119-1123.

[134] KUTKA R, TREBIN H R, KIEMES M. The topological theory of semidefects in ordered media[J]. Journal de physique France, 1989, 50: 861-885.

[135] CHOI T, HORIBE Y, YI H T, et al. Insulating interlocked ferroelectric and structural antiphase domain walls in multiferroic $YMnO_3$[J]. Nature Materials, 2010, 9: 253-258.

[136] FABREGES X, PETIT S, MIREBEAU I, et al. Spin-lattice coupling, frustration, and magnetic order in multiferroic $RMnO_3$[J]. Physical Review Letters, 2009, 103: 067204.

[137] PRIKOCKYTÈ A, BILC D, HERMET P, et al. First-principles calculations of the structural and dynamical properties of ferroelectric $YMnO_3$[J]. Physical Review B, 2011, 84: 214301.

[138] CRAIG F, KARIN R. Ferroelectric transition in $YMnO_3$ from first principles[J]. Physical Review B, 2005, 72:100103.

[139] PRIKOCKYTÈA, BILC D, HERMET P, et al. First-principles calculations of the structural and dynamical properties of ferroelectric $YMnO_3$ [J]. Physical Review B, 2011, 84:214301.

[140] ALEXANDRA S G, KEVIN S K, PHILIP L. First-principles calculations of the structural and dynamical properties of ferroelectric $YMnO_3$ [J]. Physical Review B, 2011, 83:214301.

[141] IL-KYOUNG J, HUR N, TH P. High-temperature structural evolution of hexagonal multiferroic $YMnO_3$ and $YbMnO_3$ [J]. Journal of Applied Crystallography, 2007, 40:730-734.

[142] UUSI-ESKO K, MALM J, IMAMURA N, et al. Characterization of $RMnO_3$ (R = Sc, Y, Dy-Lu): High-pressure synthesized metastable perovskites and their hexagonal precursor phases[J]. Materials Chemistry and Physics, 2008, 112:1029-1034.

[143] KATSUFUJI T, MASAKI M, MACHIDA A, et al. Crystal structure and magnetic properties of hexagonal $RMnO_3$(R=Y, Lu, and Sc) and the effect of doping[J]. Physical Review B, 2002, 66:134434.

[144] EGERTON R F, LI P, MALAC M. Radiation damage in the TEM and SEM[J]. Micron, 2004, 35: 399-409.

[145] TAFTØ J, ZHU J. Electron energy loss near edge structure (ELNES), a potential technique in the studies of local atomic arrangements [J]. Ultramicroscopy, 1982, 9: 349-354.

[146] SCHIMID H K, MADER W. Oxidation states of Mn and Fe in various compound oxide systems[J]. Micron, 2006, 37: 426-432.

[147] JU H L, SOHN H-C, KRISHNAN M. Evidence for O 2p Hole-Driven Conductivity in La(1−x)SrxMnO$_3$ ($0<x<0.7$) and $La_{0.7}Sr_{0.3}MnO_z$ thin films[J]. Physical Review Letters, 1996, 79: 3230-3233.

[148] REHR J J, JORISSEN K, ANKUDINOV A, RAVEL B, FEFF9 User's Guide [A/OL]. (2013-02-02)[2017-05-02]. http://monalisa.phys.washington.edu/feff/Docs/feff9/feff90/feff90_users_guide.pdf.

[149] MCCOMB D W. Bonding and electronic structure in zirconia pseudopolymorphs investigated by electron energy-loss spectroscopy[J]. Physical Review B, 1996, 54: 7094-7102.

[150] URBAN K W. Studying Atomic Structures by Aberration-Corrected Transmission Electron Microscopy[J]. Science, 2008, 321: 506-510.

[151] JIA C L, URBAN K W, ALEXE M, et al. Direct Observation of Continuous Electric Dipole Rotation in Flux-Closure Domains in Ferroelectric Pb(Zr,Ti)O_3[J]. Science, 2011, 331: 1420-1423.

[152] FONG D D. CIONCA C, YACOBY Y, et al. Direct structural determination in ultrathin ferroelectric films by analysis of synchrotron X-ray scattering measurements[J]. Physical Review B, 2005, 71:144112.

[153] VAN AKEN B B, Bos J-W G, de Groot R A, et al. Asymmetry of electron and hole doping in$YMnO_3$[J]. Physical Review B, 2001, 63: 125127.

[154] KATSUFUJI T, MORI S, MASAKI M, et al. Dielectric and magnetic anomalies and spin frustration in hexagonal $RMnO_3$(R=Y, Yb, and Lu) [J]. Physical Review B, 2001, 64:104419.

[155] MATSUMOTO T, ISHIKAWA R, TOHEI T, et al. Multivariate statistical characterization of charged and uncharged domain walls in multiferroic hexagonal $YMnO_3$ single crystal visualized by a spherical aberration-corrected STEM[J]. Nano letters, 2013, 13: 4594-4601.

[156] CHENG S, DENG S Q, YUAN W, et al. Disparity of secondary electron emission in ferroelectric domains of $YMnO_3$[J]. Applied Physics Letters, 2015, 107: 032901.

[157] PICOZZI S, EDERER C. First principles studies of multiferroic materials[J]. Journal of Physics: Condensed Matter, 2009, 21: 303201.

[158] KHOMSKII D. Classifying multiferroics: mechanisms and effects[J]. Physics, 2009, 2: 20-28.

[159] SOLOVYEV I V, VALENTYUK M V, MAZURENKO V V. Magnetic structure of hexagonal $YMnO_3$ and $LuMnO_3$ from a microscopic point of view[J]. Physical Review B, 2012, 86: 054407.

[160] FIEBIG M, FRÖHLICH D, KOHN K, et al. Determination of the magnetic symmetry of hexagonal manganites[J]. Physical Review Letters, 2000, 84: 5620-5623.

[161] PARK J, KANG M, KIM J Y, et al. Doping effects of multiferroic manganites $YMn_{0.9}X_{0.1}O_3$(X=Al, Ru, and Zn) [J]. Physical Review B, 2009, 79: 064417.

[162] BROWN P J, CHATTERJI T. Neutron diffraction and polarimetric study of the magnetic and crystal structures of $HoMnO_3$ and $YMnO_3$[J]. Journal of Physics: Condensed Matter, 2006, 18: 10085-10096.

[163] PARK J, LEE S, KANG M, et al. Doping dependence of spin-lattice coupling and two-dimensional ordering in multiferroic hexagonal $Y_{1-x}Lu_xMnO_3$ ($0\leqslant x\leqslant 1$) [J]. Physical Review B, 2010, 82: 054428.

[164] MUNOZ A, ALONSE J A, MARTINEZ-LOPE M J, et al. Magnetic structure of hexagonal $RMnO_3$ (R = Y, Sc): Thermal evolution from neutron powder diffraction data[J]. Physical Review B, 2000, 62: 9498-9510.

[165] SATO T J, LEE S H, KATSUFUJI T, et al. Unconventional spin fluctuations in the hexagonal antiferromagnet $YMnO_3$ [J]. Physical Review B, 2003, 68: 014432.

[166] FENNIE C J, RABE K M. Ferroelectric transition in $YMnO_3$ from first principles[J]. Physical Review B, 2005, 72: 100103.

[167] KUMAR M, CHOUDHARY R J, Phase D M. Valence band structure of $YMnO_3$ and the spin orbit coupling [J]. Applied Physics Letters, 2013, 102: 182902.

[168] KUMAR M, CHOUDHARY R J, Phase D M. Metastable magnetic state and exchange bias training effect in Mn-rich $YMnO_3$ thin films [J]. Journal of Physics D: Applied Physics, 2015, 48: 125003.

[169] ÖZGÜR Ü, ALIVOV Y I, LIU C, et al. A comprehensive review of ZnO materials and devices[J]. Journal of Applied Physics, 2005, 98: 041301.

[170] JANG S Y, LEE D, LEE J H, et al. Oxygen vacancy induced re-entrant spin glass behavior in multiferroic $ErMnO_3$ thin films[J]. Applied Physics Letters, 2008, 93: 162507.

[171] GALAKHOV V R, Demeter M, Bartkowski S, et al. Mn 3s exchange splitting in mixed-valence manganites[J]. Physical Review B, 2002, 65: 113102.

[172] BEYREUTHER E, GRAFSTRÖM S, ENG L M, et al. XPS investigation of Mn valence in lanthanum manganite thin films under variation of oxygen content[J]. Physical Review B, 2006, 73: 155425.

[173] CHENG S, DENG S Q, ZHAO Y G, et al. Correlation between oxygen vacancies and sites of Mn ions in $YMnO_3$ [J]. Applied Physics Letters, 2015, 106: 062905.

[174] CHENG S, LI M, MENG Q, et al. Electronic and crystal structure changes induced by in-plane oxygen vacancies in multiferroic $YMnO_3$ [J]. Physical Review B, 2016, 93:054409.

[175] FUKUMURA H, MATSUI S, HARIMA H, et al. Raman scattering studies on multiferroic $YMnO_3$ [J]. Journal of Physics: Condensed Matter, 2007, 19: 365239.

[176] ILIEV M N, POPOV V N, ABRASHEV M V, et al. Raman- and infrared-active phonons in hexagonal $YMnO_3$: Experiment and lattice-dynamical calculations[J]. Physical Review B, 1997, 56: 2488-2494.

[177] KIM J, KOO Y M, SOHN K-S, et al. Symmetry-mode analysis of the ferroelectric transition in $YMnO_3$ [J]. Applied Physics Letters, 2010, 97: 092902.

[178] CUI B, SONG C, WANG G Y, et al. Strain engineering induced interfacial self-assembly and intrinsic exchange bias in a manganite perovskite film[J]. Scientific Reports, 2013, 3: 2542.

[179] DEMMEL F, CHATTERJI T. Persistent spin waves above the Néel temperature in $YMnO_3$[J]. Physical Review B, 2007, 76: 212402.

[180] LONKAI T, ToOMUTA D G, HOFFMANN J U, et al. Magnetic two-dimensional short-range order in hexagonal manganites[J]. Journal of Applied Physics, 2003, 93: 8191-8193.

在学期间发表的学术论文

[1] **CHENG S**[†], LI J[†], HAN M, DENG S, TAN G, ZHANG X, ZHU J, ZHU Y. Topologically allowed non-six-fold vortices in a six-fold multiferroic material: Observation and classification, Phys. Rev. Lett., 2017, 118, 145501.（SCI 收录，检索号:0031-9007，影响因子(2016): 7.65)（封面文章，[†] 共同第一作者）

[2] **CHENG S**[†], LI M[†], DENG S, BAO S, TANG P, DUAN W, MA J, NAN C, ZHU J. Manipulation of magnetic properties by oxygen vacancies in multiferroic $YMnO_3$, Adv. Func. Mater., 2016, 26: 3589-3598.（SCI 收录，检索号:1616-301X，影响因子(2016):11.8）（[†] 共同第一作者）

[3] **CHENG S**, LI M, MENG Q, DUAN W, ZHAO Y, SUN X, ZHU Y, ZHU J. Electronic and crystal structure changes induced by in-plane oxygen vacancies in multiferroic $YMnO_3$, Phys. Rev. B, 2016, 93, 054409.（SCI 收录，检索号:1098-0121，影响因子(2016):3.72）

[4] **CHENG S**, DENG S, ZHAO Y, SUN X, ZHU J. Correlation between oxygen vacancies and sites of Mn ions in $YMnO_3$, Appl. Phys. Lett., 2015, 106, 062905.（SCI 收录，检索号:0003-6951，影响因子(2015): 3.30）

[5] **CHENG S**[†], DENG S[†], YUAN W, YAN Y, LI J, ZHU J. Disparity of secondary electron emission in ferroelectric domains of $YMnO_3$, Appl. Phys. Lett. 2015, 107, 032901.（SCI 收录，检索号: 0003-6951，影响因子(2015): 3.30）（[†] 共同第一作者）

[6] **CHENG S**, ZHAO Y, SUN X, ZHU J. Polarization structures of topological domains in multiferroic hexagonal manganites, J. Am. Ceram. Soc., 2014, 97: 3371-3373.（SCI 收录，检索号:1551-2916，影响因子(2014): 2.43）

[7] LI X[†], **CHENG S**[†], DENG S, WEI X, ZHU J, CHEN Q. Direct observation of the layer-by-layer growth of ZnO nanopillar by in situ high resolution transmission electron microscopy, Sci. Rep., 2017, 7:40911. (SCI 收录,检索号:2045-2322,影响因子(2016): 5.23) ([†] 共同第一作者)

[8] DENG S[†], **CHENG S**[†], LIU M, ZHU J. Modulating magnetic properties by tailored domain structure $YMnO_3$ film, ACS Appl. Mat. Interfaces, 2016, 8:25379-25385. (SCI 收录,检索号:1944-8244,影响因子(2016): 7.15) ([†] 共同第一作者)

[9] DENG S, **CHENG S**, ZHANG Y, TAN G, ZHU J. Electron beam induced dynamic evolution of vortex domains and domain walls in single crystalline $YMnO_3$, J. Am. Ceram. Soc., 2017, Accepted. (SCI 收录,检索号:1551-2916,影响因子(2016): 2.43)

[10] POYRAZ A, HUANG J, **CHENG S**, BOCK D, WU L, ZHU Y, MARSCHILOK A, TAKEUCHI K, Takeuchi E. Effective recycling of manganese oxide cathodes for lithium based batteries, Green Chem., 2016, 18:3414-3421. (SCI 收录,检索号:1463-9270,影响因子(2016): 8.5)

[11] FANG F, BAI L, LIU Y, **CHENG S**, SUN J. Facile synthesis of Co_3O_4 mesoporous nanosheets and their lithium storage properties, Mater. Lett., 2014, 125:103-106. (SCI 收录,检索号:0167-577X,影响因子(2014): 2.27)

[12] LI X, CHEN M, YU R, ZHANG T, SONG D, LIANG R, ZHANG Q, **CHENG S**, DONG L, PAN A, WANG Z, ZHU J, PAN C. Enhancing light emission of ZnO-nanofilm/Si-micropillar heterostructure arrays by piezo-phototronic effect, Adv. Mater., 2015, 27:4447-4453. (SCI 收录,检索号: 0935-9648,影响因子(2015): 17.5)

[13] LI Z, GUO X, LU H, ZHANG Z, SONG D, **CHENG S**, BOSMAN M, ZHU J, DONG Z, ZHU W. An epitaxial ferroelectric tunnel junction on silicon, Adv. Mater., 2014, 26:7185-7189. (SCI 收录,检索号:0935-9648,影响因子(2014): 15.4)

致　谢

衷心感谢我的导师朱静院士对我的精心指导与栽培，使我在电子显微学和多铁材料科学领域有了初步的涉足。在学术上，朱老师教导我要敢于仰望星空，敢于挑战科学的前沿和难题，但是在实践的过程中要脚踏实地，一步一个脚印。除了学术以外，朱老师还教会了我如何为人，教会了我无论在遭受何种挫折时，都能保持淡定平和的心态，保持愈挫愈勇的斗志。朱老师上了年纪，却仍然每天坚持工作，坚守在科研一线，是我终生学习的榜样。朱老师悉心搭建的学术平台，使我在科研起步阶段就有了不一样的视野和高度。在生活上，朱老师对我关怀备至，令我铭心难忘，谨以此书报答朱老师对我的恩情！

衷心感谢于荣教授和钟虓龚副教授五年来对我的悉心关照，在与他们交流的过程中，我收获了知识，也学到了很多做研究的方法和道理。于荣教授的电子显微学课程也使我获益良多，使我对电子显微学领域有了最初的印象。

衷心感谢国家电子显微镜中心程志英、周惠华、申玉田、闫允杰等老师在 TEM 的操作、样品的制备、SEM 和 FIB 的使用上对我的教导和点拨。

在美国交流学习的一年间，承蒙 Yimei Zhu 教授、M. G. Han、Jing Tao、Lijun Wu、Yan Li 等人的热心指导与帮助，使我在异国他乡仍然感受到家一般的温暖，能够心无旁骛地进行科研工作。

衷心感谢实验室宋东升、邓世清、李潇逸、于奕、谢琳、赵炯、戴升、闫星旭、施韬、李志鹏、祝远民、廖振宇、李根等同学对我的照顾与帮助。与你们朝夕相伴的五年时光是我终生的美好回忆。

衷心感谢清华大学南策文教授，马静、鲍善永博士；清华大学段文晖教授，李梦蕾、汤沛哲博士；中国科学院物理研究所李建奇教授，李俊、张庆华博士，与他们的讨论使我很受启迪。感谢清华大学赵永刚教授、中国科学技术大学孙学峰教授、北京师范大学谈国太副教授提供的单晶样品。

由衷感谢我的家人长期以来对我无微不至的关照，正是你们在背后的鼎力帮助，才使我走到了今天！

感谢国家自然科学基金，“973”项目对本课题的资助。

程少博

2017 年 5 月